Olaf Jeziorek

Lean Production

**Fortschritte
der CIM-Technik**

herausgegeben von U. W. Geitner

Band 1
CIM-Produktionsleitsystem
von G.-U. Becker-Biskaborn und A. Siegmann

Band 2
Expertensysteme für die CAD/CAM-Kopplung
von K. D. Becker

Band 3
Wissensbasierter Leitstand in einer CIM-Umgebung
von J. Schwinn

Band 4
CIM-Marktübersicht: Fertigungsleitstand
von W. Mai und F. Jankowski

Band 5
**CIM-Aus- und Weiterbildung:
Entwicklung eines CIM-Lehr- und Lernsystems**
von K.-J. Peschges

Band 6
**CIM-Aus- und Weiterbildung:
Seminarkonzepte zum Themenschwerpunkt Organisation**
von W. Bungard und I. Jöns

Band 7
**Rechnergestützte Strukturierung der
Informationsverarbeitung in Produktion
und Verwaltung**
von M. Geisler (in Vorbereitung)

Band 8
**PPS-Einführung
aus der Sicht der Betroffenen**
von G. Schäfer und F. Jankowski (in Vorbereitung)

Band 9
**Lean Production
Vergleich mit anderen Konzepten
zur Produktionsplanung und -steuerung**
von Olaf Jeziorek

Vieweg

Fortschritte der CIM-Technik 9,
herausgegeben von Uwe W. Geitner

Olaf Jeziorek

Lean Production

Vergleich mit anderen Konzepten zur
Produktionsplanung und -steuerung

Mit 29 Bildern

Fortschritte der CIM-Technik

Exposés oder Manuskripte zu dieser Reihe werden zur Beratung erbeten unter der Adresse:
Verlag Vieweg, Postfach 58 29, D-65048 Wiesbaden oder direkt an den Herausgeber.

Herausgeber:
Prof. Dr. Uwe W. Geitner
Gesamthochschule Kassel – Universität
Fb 15 – Maschinenbau
Mönchebergstraße 7
D-34125 Kassel

Umschlaggestaltung: Wolfgang Nieger, Wiesbaden

Gedruckt auf säurefreiem Papier

ISBN 978-3-528-06533-1   ISBN 978-3-322-89477-9 (eBook)
DOI 10.1007/978-3-322-89477-9

To my wife who waited so patiently

Vorbemerkung

Ich möchte an dieser Stelle meinen Eltern danken, die mir durch ihre Großzügigkeit das Studium des Faches Maschinenbau in der Form ermöglicht haben, die mit der Veröffentlichung dieses Buches ihren Abschluß findet.

In fachlicher Hinsicht gilt mein Dank Herrn Prof. Geitner, der mir viel Freiraum zur Erstellung dieser Arbeit ließ und mich doch im rechten Moment durch eine sehr gute Betreuung auf den richtigen Weg brachte.

Nicht zuletzt möchte ich meinem Bruder Dank sagen für die moralische Unterstützung, wenn es mal nicht so lief, und die vielen Male des Korrekturlesens.

Kassel, Mai 1993   Olaf Jeziorek

Vorwort

Organisatorische Konzepte bestimmen zunehmend die Stärke ganzer Volkswirtschaften. Das belegt die Aufmerksamkeit, die japanischen und amerikanischen Konzepten zuteil wird. Technologische Kriterien treten demgegenüber in den Hintergrund. Die organisatorische Kultur wird also Richtschnur des Erfolges. Wie schwer sich deutsche Unternehmen(r) damit tun, zeigen die völligen Mißinterpretationen, die dem Kanban und Just In Time (JIT) zuteil werden. Mit Lean Production drohen ähnliche Mißlichkeiten einzukehren.

Deshalb ist es erfreulich, hier eine Lektüre zu erhalten, die sich vornehmlich auf amerikanische Sichtweisen stützt, die auch das japanische Modell offensichtlich besser verstehen. Kanban und JIT werden damit zur Quelle eines schlüssigen Lean-Konzeptes ohne jeglichen Widerspruch. Ergänzende und gegenläufige Konzepte werden - ohne Wertung - gegenübergestellt.

Die leicht eingängige Lektüre sollte nicht darüber hinwegtäuschen, daß wir selbst mit einer korrekten Nachahmung nur dritter oder vierter Sieger bleiben. Alle diese Konzepte wurden bei uns bereits erfunden (Gruppenarbeit, Organisationsentwicklung etc.), intensiv diskutiert und zum Teil auch umgesetzt. Wenn uns offensichtlich die japanische Perfektion hierzu fehlt, müssen wir unseren Ideenreichtum ins Feld führen, um uns mit neuen Strategien, statt mit schlechten Imitationen am Markt behaupten zu können.

Der Herausgeber

Inhaltsverzeichnis

1 Einführung

Produktionsplanungs- und Steuerungssysteme betreffen die Planung und Steuerung des Produktionsprozesses einschließlich Material, Maschinen, Arbeitskraft und Versorgung. Sowohl der Produktionsprozeß als auch das PPS-System sollen so gestaltet sein, daß sie den Erfordernissen des Marktes entsprechen und die Firmenstrategie unterstützen.

Ein effektives PPS-System kann einem Unternehmen einen fundamentalen Vorteil am Markt verschaffen. Allerdings kann ein System, das heute effektiv ist, dies unter Umständen morgen nicht mehr sein. Der Markt, Technologie und Wettbewerbsdruck unterliegen ständigen Veränderungen. Solche Veränderungen verlangen eine ständige Anpassung der gesamten Firmenstrategie, auch der Produktion. Das Ergebnis mag sein, daß der Produktionsprozeß sich verändert und damit auch neue Anforderungen an das PPS-System gestellt werden.

Die Forderungen, die an die Gestaltung eines PPS-Systems gestellt werden, ergeben sich aus der Art des Produktionsprozesses, der Erwartungshaltung des Anwenders und den notwendigen Führungsaufgaben. Außerdem sind die Anforderungen an das PPS-System nicht statisch, sondern verändern sich häufig mit zunehmendem Implementierungsgrad des Systems in der Firma.

Die Technologie, die für die Gestaltung von PPS-Systemen zur Verfügung steht, hat sich mit der Zeit extrem verändert. Das Materials Requirements Planning-Konzept (MRP), zum Beispiel, war kein praktischer Lösungsansatz, bis random access-Computer zur Verfügung standen, weil für eine manuelle Bedarfsrechnung bereits terminierter Fertigungspläne der Zeitbedarf einfach zu groß war.

Parallel zur Technologie wurden auch verschiedene Konzepte zur Verwirklichung der Firmenstrategie entwickelt. Die verschiedenen Ansätze zur Findung eines Produktionskonzeptes ergeben sich aus den verschiedenen Anforderungen, die bestimmt durch die Natur des Produktes, an den Produktionsprozeß gestellt werden. Mit der Zeit hat sich auf dem Markt der Produktionsplanung und -steuerung eine Vielzahl von Konzepten und Lösungen etabliert.

In dieser Arbeit werden die folgenden Konzepte analysiert und in einen Gesamtzusammenhang gesetzt:

- Lean Production
    - Just In Time (JIT)
    - Kanban
- Optimized Production Technology (OPT)
- Trichtermodell nach Wiendahl
- MRP II (Manufacturing Resource Planning)
    - Closed Loop MRP
    - MRP (Materials Requirements Planning)
- REFA-Stufenmodell

Die Komplettsysteme MRP II und REFA haben sich aus der traditionellen tayloristischen Betriebsorganisation der westlichen Industriestaaten entwickelt. In Konkurrenz mit diesen logistisch und deterministisch aufgebauten Konzepten steht das japanische Konzept der Lean Production mit seinen Teilkonzepten Just In Time und Kanban. Dieses Konzept hat sich in Japan nach dem Zweiten Weltkrieg unter der innovativen Führung des Toyota-Konzerns entwickelt. Neben den Komplettsystemen bestehen in sich selbständige Teilkonzepte, die in verschiedenen Formen in die Gesamtkonzepte integriert werden können. Insbesondere sind hier die Just-In-Time-Produktion und die Ansätze zur Fertigungssteuerung mit Kanban oder das Trichtermodell nach Wiendahl zu nennen (letzterer aus Deutschland).
Eine Sonderstellung kommt dem in Israel entwickelten Softwarepaket Optimized Production Technology zu, das nicht nur als komplettes Softwarepaket angeboten wird, sondern für sich auch eine eigenständige Philosophie beansprucht.

Die zunehmende Konkurrenz durch die Japaner hat in den westlichen Industrieländern verstärkt zu einer Analyse des japanischen Produktionskonzeptes geführt. Dabei sind oftmals nur Teilkonzepte erkannt und kopiert worden, was zu anfänglichen Mißerfolgen und Mythen über das Funktionieren des Konzeptes in seinem Heimatland geführt hat. Teilweise bestehen immer noch Mißverständnisse über die Implementierung und Funktionsweise der Lean Production.

Ziel dieser Arbeit ist es, die verschiedenen Konzepte zusammenfassend darzustellen und Unterschiede, aber auch Integrationsmöglichkeiten aufzuzeigen.

2 Lean Production

2.1 Die Philosophie und ihre Entwicklung

Lean Production stellt eine Alternative zur traditionellen westlichen Betriebsorganisation dar. Die Philosophie von Lean Production geht dabei weit über die verbreitete Annahme hinaus, mit der Einführung von Lean Production sei nur die Auslagerung der Eigenfertigungsanteile der Produktion an Zulieferer verbunden. Lean Production beschreibt die Philosophie zur Verwirklichung der Fertigungsorganisation nach dem Just-In-Time-Konzept und der Fertigungssteuerung nach dem Kanban-Prinzip. Zur Verwirklichung der Konzepte sieht die Philosophie der schlanken Produktion eine neue Form von Zusammenarbeit zwischen Zulieferern und Abnehmern, sowie verbunden mit dem Prinzip der Gruppenfertigung und dem Just-In-Time-Prinzip eine Neuordnung des Arbeitnehmer-Arbeitgeber-Verhältnisses vor. Die einzelnen Effekte, die mit der Einführung von Just-In-Time und Kanban verbunden sind, werden in den nachfolgenden Abschnitten erläutert.

Das Paradebeispiel für die Verwirklichung von Lean Production ist die Produktionsweise des Toyota-Konzerns /1/. Die Entwicklung der Produktion nach dem Prinzip der schlanken Produktion begann nach dem Zweiten Weltkrieg, als Toyota sich der Produktion ziviler Personenkraftwagen und Kleinlaster zuwandte. Der leitende Produktionsingenieur von Toyota besuchte nach dem Krieg die amerikanischen Ford-Werke in Detroit, die damals als die modernsten Massenproduktionsbetriebe der Welt galten. Politische Gründe und die wirtschaftliche Lage des eigenen Betriebes zwangen ihn dazu, das System nicht einfach zu kopieren, sondern das tayloristische System der Massenproduktion kostengünstiger und effizienter zu gestalten. Die Entwicklung zu einem schlanken Unternehmen dauerte über 20 Jahre. Heute wird bei Toyota weitgehend ohne Lagerbestände und ohne Nacharbeiten zur Qualitätssicherung in Gruppenarbeit produziert /2/.

2.1.1 Outsourcing

Dieser Begriff ist zur Umschreibung der Auslagerung von Teilen der Eigenfertigung aus dem Produktionsprozeß geprägt worden. Dabei wird die Produktion zuvor selbst gefertigter Teile und Baugruppen an Zulieferer abgegeben, die billiger produzieren können. Das Ziel ist die Kostensenkung in der Fertigung /3/.

Um Outsourcing zur Kostensenkung erfolgreich einzusetzen, müssen jedoch einige Aspekte berücksichtigt werden.

Eine der Hauptbedingungen für eine erfolgreiche schlanke Produktion ist die horizontal orientierte Beziehung zu den Zulieferfirmen. Die Zulieferer werden direkt an der Produktentwicklung beteiligt. In westlichen Strukturen erfolgt die Produktentwicklung in der Hauptfirma, die Zulieferer werden mit Blaupausen versorgt und ausschließlich mit der Fertigung der Teile beauftragt. In der Lean Production-Philosophie wird darin die Blockierung eines ständigen Verbesserungsprozesses gesehen, der ein Hauptbestandteil der Philosophie ist. Stattdessen werden die Zulieferer zur Entwicklung der Komponente oder des Bauteils aufgefordert. Dies ermöglicht den Zulieferern, die Fachkenntnisse ihres Spezialgebietes in die Entwicklung des Teiles einzubringen und die Produktionsprozeßgestaltung bei der Entwicklung des Produktes mit einzubeziehen. Dadurch werden die Kosten gesenkt und die Qualität des Produktes gleichzeitig erhöht. Dabei wird eine langfristige Bindung des Zulieferunternehmens an die Hauptfirma angestrebt. Dies wird erreicht durch gegenseitige Kapitalbeteiligungen. Dabei bleibt die unternehmerische Selbständigkeit des Zulieferunternehmens erhalten, jedoch wird das Schicksal der Hauptfirma direkt mit dem Zulieferunternehmen verbunden. Die Zusammenarbeit mit den Zulieferern geht sogar bis zum Ausleihen von Personal zum Abfangen von Produktionsspitzen und dem Austausch von Führungskräften zum Angleichen der Arbeitsweisen /2/.

In westlichen Firmen wird Outsourcing teilweise mißverstanden und angewandt in dem Sinn, den Kostendruck der eigenen Fertigung auf den mit der Zulieferung beauftragten Betrieb zu übertragen. Kurzfristig können über Preisdruck auf die Lieferanten zwar die Kosten gesenkt werden, langfristig kann es aber zu einem Qualitätsverfall des gelieferten Produktes und zu Störungen des eigenen Produktionsprozesses führen. Natürlich ist ein geknebelter Zulieferer bestrebt, sich aus dieser Situation zu befreien. Er wird also jede Möglichkeit nutzen, die Kosten der eigenen Fertigung zu senken oder über Preiserhöhungen den eigenen

Gewinn zu optimieren, wenn es zu einer Abhängigkeit des Abnehmers bezüglich des gelieferten Produktes kommt. Insgesamt führt das vielfach durch gegenseitiges Mißtrauen geprägte und auf die Durchsetzung eigener Ziele ausgerichtete Verhältnis zwischen Abnehmer und Zulieferern zu einer Hemmung des vorhandenen Produktionspotentials.

Beim Einsatz von Outsourcing im Sinne schlanker Produktion muß daher die Notwendigkeit eines veränderten Verhältnisses zwischen Abnehmer und Zulieferer berücksichtigt werden.

Outsourcing bedeutet eine Umorientierung von der Werkstattfertigung hin zu einem Montagebetrieb, wobei, wie oben schon beschrieben, das Verhältnis zwischen Abnehmer und Zulieferer auf eine langfristige und auf gemeinsamen Vorteil zielende Bindung ausgerichtet sein muß.

2.1.2 Das besondere Arbeitnehmer-Arbeitgeber-Verhältnis

Das besondere Arbeitgeber-Arbeitnehmer-Verhältnis ist in der Geschichte der japanischen Industrie begründet. Bis heute haben die Angestellten des Toyota-Konzerns eine lebenslange Arbeitsplatzgarantie. Dazu kommen Sozialleistungen, wie sie auch bei großen deutschen Konzernen zu finden sind, wie zum Beispiel Werkswohnungen und firmeneigene Krankenversicherung. Auch das Lohnsystem ist an der Dauer der Betriebszugehörigkeit orientiert (ähnlich dem System der Beamtenbesoldung in Deutschland). Damit werden die Arbeitnehmer langfristig an die Firma gebunden. Durch Gewinnbeteiligungen werden die Arbeitnehmer am Erfolg der Firma beteiligt mit dem Effekt, daß das Engagement für die Firma zum eigenen Nutzen erhöht wird. Als Gegenleistung wird von den Arbeitern erwartet, daß sie sich aktiv am Produktionsprozeß beteiligen, d.h. sich weiterbilden und ständig um Verbesserungen bemüht sind. Das System funktioniert bei Toyota und macht die Besonderheit des Arbeitgeber-Arbeitnehmer-Verhältnisses aus.

2.1.3 Effektivität

Die Leistungsfähigkeit von schlanken Unternehmen wurde in einer Studie des Massachusetts Institute of Technology (MIT) /2/ weltweit untersucht und die Ergebnisse 1989 veröffentlicht. In dieser Studie wurden die Strukturen, die Organisationsformen und die Produktionsmethoden fast aller Automobilproduzenten der Welt analysiert und bewertet.

Vielfach wird der Erfolg der Implementierung von Prinzipien schlanker Produktion in westlichen Firmen bezweifelt. Als Begründung werden die Unterschiede in den Kulturkreisen angeführt.

Daß diese Begründung nicht haltbar ist, beweist die erfolgreiche Umstellung der Produktion in einem der GM-Werke Nordamerikas. In der IMVP-Studie (International Motor Vehicle Program) des MIT wurden dem amerikanischen Werk ähnliche Produktivitätsraten bescheinigt, wie den japanischen schlanken Produzenten (Tab. 2.1). 1984 begann GM mit Hilfe Toyotas in einem Joint Venture das NUMMI-Werk (New United Motor Manufacturing Inc.) in Fremont, Kalifornien, aufzubauen. In diesem Werk werden Kleinwagen nach Toyota-Design und mit japanischem Management gefertigt. Die Belegschaft besteht zum großen Teil aus Arbeitern und Ingenieuren des ehemaligen GM-Werkes in Fremont, das 1982 aufgrund sinkender Marktanteile an der Ostküste geschlossen worden war.

Tab. 2.1: Vergleich von General Motors Framingham, Toyota Takaoka und NUMMI Fremont, 1987 /2/

	GM-Framingham	Toyota Takaoka	NUMMI Fremont
Montagestunden pro Auto	31	16	19
Montagefehler pro 100 Autos	135	45	45
Montagefläche pro Auto	0,75	0,45	0,65
Teilelagerbestand	2 Wochen	2 Stunden	2 Tage

Die Autoren der IMVP-Studie sehen in der schlanken Produktion eine Revolutionierung des Produktionsprozesses. Die schlanken Produzenten, vor allem japanische Unternehmen, waren in den 80er Jahren in der Lage, ihre Marktanteile weltweit deutlich zu steigern, was schließlich die Durchführung der IMVP-Studie auslöste. In den Ergebnissen ihrer weltweiten Untersuchung über die Automobilindustrie sehen sich die Wissenschaftler in der Annahme bestätigt, daß die schlanke Produktion der traditionellen tayloristischen Massenproduktion bei weitem überlegen ist. Mit dem Erfolg des NUMMI-Werkes und der erfolgreichen Einführung der Lean Production bei Ford, ist bewiesen worden, daß die schlanke Produktion auch in einem Umfeld außerhalb Japans implementiert werden kann. Die Autoren der Studie bezeichnen die logistisch, deterministische Produktionsstruktur als überholt und sehen die Zukunft der Massenproduktion in den Konzepten der Lean Production.

Ein Aspekt, der nur in der Zukunft beantwortet werden kann, ist die Frage, ob die schlanken Produzenten ihre Prinzipien unter wachsendem wirtschaftlichen Druck aufrechterhalten können. Wenn zum Beispiel durch einen stagnierenden Absatzmarkt, infolge einer weltweiten Rezession, verbesserte Produktivität zu freiwerdenden Kapazitäten führt und neue Marktanteile nicht mehr gewonnen werden können, müßten Kapazitäten aus Kostengründen abgebaut werden. In diesem Fall müßte es auch zur Freisetzung von Arbeitskräften kommen. Das heißt, daß lebenslange Arbeitsplatzgarantien wie bei Toyota aus wirtschaftlichen Gründen nicht gehalten werden können. Die Freisetzung von Arbeitskräften würde sicherlich das für die Funktion der schlanken Produktion so wichtige Engagement der Arbeitnehmer für und im Betrieb beeinflussen. Zusammenfassend muß angemerkt werden, daß das System der schlanken Produktion seine Krisenfestigkeit noch nicht bewiesen hat und zur Zeit noch von den Vorteilen gegenüber der klassischen Massenproduktion zehrt.

2.1.4 Zusammenfassung

Ziel der Implementierung von Lean Production ist eine marktorientierte Produktion, die den steigenden Kundenansprüchen nach Produktvielfalt und kurzen Lieferzeiten gerecht wird. Dabei wird der Grundsatz, der die Lagerhaltung zur kurzfristigen Nachfragebefriedigung in der tayloristischen Massenproduktion vorsieht, abgeschafft und ersetzt durch den Grundsatz hoher Flexibilität in der Produktion, der die Fertigung auf Bestellung ermöglicht.
Lean Production bedeutet eine Orientierung zu einem Montagebetrieb ausgelegt auf Montage auf Bestellung. Verwirklicht wird dies durch das Just-In-Time-Konzept, daß mit der oben beschriebenen neuen Form der Zusammenarbeit und gegenseitigen Abhängigkeit von Zulieferern und Montagewerk verwirklicht wird.
Nachfolgend werden die Konzepte Just-In-Time und die Fertigungssteuerung mit Kanban erläutert.

2.2 Just In Time für die Logistik

2.2.1 Konzeptbeschreibung

Das Just-In-Time-Konzept (JIT) wurde im japanischen Toyota-Konzern entwickelt und im Toyota-Produktionssystem verwirklicht /1/. Mit der zweiten Ölkrise 1976 erkannten die Japaner, daß der Höhepunkt des Wirtschaftsbooms der vergangenen 25 Jahre mit wachsender Wirtschaft und wachsender Produktion überschritten war und daß die japanische Wirtschaft in der Zukunft Zyklen durchlaufen würden wie auch die anderen westlichen Nationen. Überlegungen, den Produktionsprozeß flexibler zu gestalten, führten zur Weiterentwicklung des Toyota-Systems zur Just-In-Time-Produktion.

Das Just-In-Time-Konzept, wenn richtig angewandt, reduziert oder eliminiert große Mengen Ausschuß (der Begriff Ausschuß wird in diesem Zusammenhang noch definiert) in den Bereichen Beschaffung, Fertigung und Vertrieb. Erreicht wird dies durch drei wesentliche Komponenten: Fluß, Qualität, Mitarbeitereinbeziehung.

Minimale Ressourcen
Ein Hauptziel der JIT-Philosophie ist es, die Produktionsmittel im Betrieb zu minimieren. Minimierung der Ressourcen bedeutet unter anderem /4/:

- nur ein Lieferant, wenn dieser ausreichende Kapazitäten zur Verfügung stellen kann

- kein Personal, Material oder Maschinen zum Nacharbeiten vorsehen

- kein Sicherheitsbestand

- keine extra Führungszeit

- kein Personal, um Tätigkeiten auszuführen, die den Wert des Produktes nicht erhöhen

Ausschuß und das Prinzip der Wertsteigerung

Ausschuß im Sinne von JIT ist definiert als "alles, außer dem Minimum an Maschinen, Hilfs- und Betriebsstoffen, Fertigteilen, Material sowie der absolut notwendigen Arbeitszeit für die Produktion" /4/.

Diese Idee wird häufig auch mit dem Prinzip der Wertsteigerung übersetzt. Das heißt, Ausschuß ist jede Tätigkeit, die den Wert des Produktes nicht steigert. Per definitionem wird der Wert nur durch eine physikalische Veränderung des Produktes gesteigert. Schleifen zum Beispiel steigert den Wert, Montage steigert den Wert des Produkts, mischen von Rohmaterial, schmieden, löten etc., und auch verpacken steigert den Wert des Produkts, denn in den Augen des Konsumenten bedeutet die Verpackung eine Wertsteigerung. Lagern, transportieren, kontrollieren oder etwa zählen sind Tätigkeiten, die den Wert des Produktes nicht steigern. Diese Tätigkeiten sind somit Ausschuß und damit Ziel der Reduzierung oder Eliminierung.

Qualität

Einer der wichtigsten Bestandteile der JIT-Philosophie ist das Prinzip von Qualität an der Quelle. Die Idee ist, durch alle Ebenen der Organisation hindurch keine Fehler zu machen. Ein Arbeitsgang Qualitätskontrolle schließt sich an jeden Arbeitsgang an, in dem der Wert des Produktes gesteigert wird. Das Prinzip wird im japanischen *Poka Yoke* genannt. Durch Kontrolle am Arbeitsplatz durch die gleiche Person wird Zeit eingespart, und zusätzliche Arbeitsplätze für eine separate Qualitätssicherung fallen weg. Jeder auftretende Fehler wird nach dem "5-warum?"-Prinzip analysiert. Dieses als *Kaizen* bezeichnete Prinzip verlangt, über 5 Ebenen hinweg mit der Frage "warum?" die Ursache für das Auftreten eines jeden Fehlers zu ergründen, zu beseitigen und ein wiederholtes Auftreten zu vermeiden.

Das Produktionskonzept verlangt hohe Qualität, ohne die die anderen Ziele Fertigungsfluß, Synchronisation und Gleichgewicht in der Produktion nicht erreichbar sind.

Mitarbeitereinbeziehung

Die Mitarbeitereinbeziehung ist einer der Hauptgründe für das Scheitern anfänglicher Versuche, JIT im Sinne des Toyota-Systems direkt auf westliche Firmen zu übertragen. JIT verlangt von den Mitarbeitern einen hohen Grad an Eigenverantwortung und Engagement im und für den Betrieb, auch auf der Werkstattebene. Zur Erreichung des Zieles einer funktionierenden JIT-Produktion soll jeder Mitarbeiter sich jeden Tag verbessern. Das kann sich in verschiedenen Aspekten ausdrücken, wie zum Beispiel höhere Stückleistung oder bessere Produktqualität durch kontinuierliches Training und Weiterbildung.

Lagerbestand

Ein Teil der Definition von JIT-Produktion betrifft die Beseitigung von Lagerbeständen. Lagerbestände galten bisher als Schutz vor Problemen. JIT zeigt, daß genau das Gegenteil der Fall ist. Lagerbestände, die als Puffer für den Produktionsprozeß bestehen, verdecken die Probleme, anstatt diese zu lösen. Lagerbestände dieser Art ermöglichen nur ein einfacheres Leben mit den Problemen, die eben diese Puffer erst nötig machen.

2.2.2 Einfluß von JIT auf Planung und Steuerung der Produktion

In Bild 2.1 ist zu erkennen, wie JIT im Gesamtrahmen eines PPS-Systems nach dem Modell von Vollmann wirkt /5/. Die schattierte Fläche zeigt die durch die Implementierung von JIT betroffenen Teile des Gesamtsystems. Betroffen sind alle Ebenen, besonders jedoch die Ausführungssysteme und in abnehmender Weise die Planungs- und Steuerungssysteme.

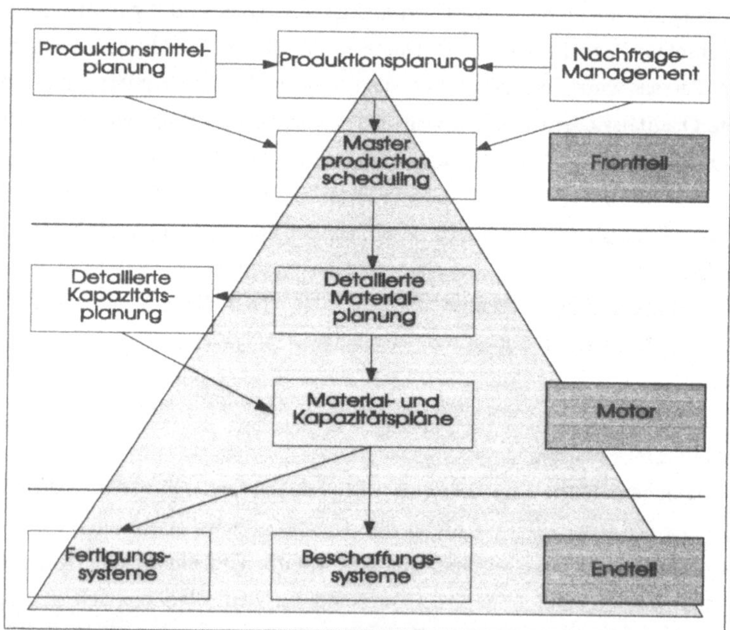

Bild 2.1: Der Einfluß von JIT auf das PPS-System /5/

JIT sorgt für eine geradlinige Ausführung der Aufträge in der Fertigung und in der Beschaffung. Mit JIT besteht die Möglichkeit, einen großen Teil der Fertigungssteuerung zu eliminieren und damit die Kosten für die Durchlaufterminierung deutlich zu senken, die Durchlaufzeiten deutlich zu verkürzen, laufende Arbeitsprozesse zu verringern und schließlich die Lieferzeiten zu verkürzen, wie Tab. 2.2 zeigt.

Tab. 2.2: Erreichbare Verbesserungen durch Einführung von JIT /2/

	Verbesserung	
	insgesamt, bezogen auf 3-5 Jahre [%]	jährlich [%]
Reduzierung der Zykluszeit in der Fertigung	80-90	30-40
Reduzierung des Lagerbestandes:		
Rohmaterial	35-70	10-30
Aufträge in der Fertigung	70-90	30-50
Fertigungsrate	60-90	25-60
Arbeitskraftkostenreduzierung:		
direkt	10-50	3-20
indirekt	20-60	3-20
Reduzierung des Raumbedarfs	40-80	25-50
Reduzierung der Kosten für die Qualitätssicherung	25-60	10-30
Reduzierung der Materialkosten	5-25	2-10

Obwohl der Haupteffekt von JIT auf der Ebene der Ausführungssysteme liegt, bedingt JIT auch auf den anderen Ebenen Veränderungen. Für die Bedarfsermittlung spielt JIT eine große Rolle. Mit der Implementierung von JIT ergibt sich eine Reduzierung der Teilenummern und der Ebenen in der Struktur der Stücklisten /5/. Viele Teilenummern, die vorher mit MRP in vollem Umfang durchgeplant wurden, können mit JIT anders behandelt werden. Eine Methode ist die der sogenannten "Phantom"-Bildung. Teilenummern werden zwar noch in der Stückliste geführt, aber in der Bedarfsplanung nicht mehr bis zum Ende hin aufgelöst. Das Ergebnis ist, daß die Komplexität und der Umfang der detaillierten Materialbedarfsermittlung erheblich reduziert wird, oftmals bis zu einem Grad, der zu einem geringeren Personalbedarf in der Planungsabteilung führt.

Auf der Ebene der Planungs- und Entscheidungssysteme verändern sich die Anforderungen an die Produktionspläne bzw. den MPS-Output (im MRP II-System). Hier muß dafür gesorgt werden, daß der Grad der Kapazitätsauslastung einen flüssigen Fertigungsdurchlauf garantiert. In vielen Fällen bewirkt die Orientierung am Fertigungsfluß ein auf Raten basiertes Master Production Scheduling bzw. eine belastungsorientierte Produktionsplanung (vgl. Trichtermodell); das heißt, so viele Einheiten pro Stunde oder Tag.

Die Bestrebung hin zu einem fließenderen, stabileren und dabei täglich wechselnden Produktionsprozeß setzt viele der sogenannten JIT-Aktvitäten wie zum Beispiel die Verkürzung der Durchlaufzeiten voraus. Dies wirkt bis zu einem Grad, daß Firmen, die vor der Einführung von JIT *auf Lager produzierten*, um den Lieferzeitforderungen der Kunden entsprechen zu können, mit der Einführung von JIT den Produktionsprozeß auf *Produktion auf Bestellung* oder *Montage auf Bestellung* umstellen. Dies wiederum wirkt sich auf die Nachfrageplanung und den Vertrieb aus.

2.2.2.1 Backflushing

Fertigung nach dem JIT-Konzept basiert auf dem Ansatz, daß Fertigungsaufträge die Fertigung so schnell durchlaufen, daß es unnötig ist, die einzelnen Arbeitsfortschritte mit einem komplexen Fertigungssteuerungssystem zu überwachen /5/. Ein ähnliches Konzept gilt für Kaufteile. Wenn diese Teile innerhalb von Tagen oder sogar Stunden nach der Lieferung verarbeitet werden, ist es unnötig, sie einzulagern und damit durch den normalerweise aufwendigen Prozeß der Lagerverwaltung zu schicken. Stattdessen kann die Firma mit dem Lieferanten über die Anzahl der gefertigten Produkte pro Zeitperiode abrechnen. Die Bestände in der Fertigung werden so gering gehalten, daß es für keine der beteiligten Parteien sinnvoll ist, diese zu einer exakten Abrechnung zu erfassen.

Das Prinzip, Teilebestände erst mit der Einlagerung der Fertigprodukte zu erfassen, wird "backflushing" genannt. Statt detaillierte Beständeüberwachungs-systeme aufzubauen, die auf Arbeitsfortschrittsmeldungen basieren, reduzieren die Firmen die Lagerbestände für Teile einfach dadurch, daß sie die Stücklisten für eingelagerte oder direkt ausgelieferte Endprodukte auflösen und so den

Materialverbrauch ermitteln. Anzumerken ist hier, daß dieses Konzept einen sehr hohen Grad an Datenintegrität voraussetzt.

Das JIT-Konzept in der Fertigung konzentriert sich auf die Einfachheit des Produktionsprozesses mit dem Ziel, Fertigungszellen, Produkte und Systeme so zu gestalten, daß der Produktionsprozeß routiniert abläuft und der Fertigungsfluß erhalten bleibt. Mit der Eliminierung von Qualitätsproblemen und Störungen wird der Fertigungsprozeß genau dies, Routine. Einfache Systeme können durch Personal auf der Werkstattebene bedient werden, ohne detaillierte Belege oder den Bedarf für übermäßige Unterstützung durch übergeordnetes Planungs- und Steuerungspersonal.

2.2.2.2 Die Firma in der Firma

Man kann eine Firma als zwei Firmen unter einem Dach sehen. Die eine Firma fertigt die Produkte, die andere verarbeitet Transaktionen auf dem Papier und mit Hilfe von Computersystemen. In den letzten Jahren hat sich das Verhältnis der Kosten für die erstgenannte gegenüber der zweiten verändert. Die Kosten für die eigentliche Produktion sind im Verhältnis gesunken /5/.

Ein Hauptfaktor für die steigenden Kosten in Planung und Steuerung ist die Erfassung der **logistischen Transaktionen**. Logistische Transaktionen beinhalten Bestellung, Ausführung und Bestätigung der Materialbewegung von einem Ort zum anderen. Eingeschlossen sind die Kosten für Personal in der Lagerverwaltung zum Annehmen, Einlagern und Verschicken sowie die Kosten für Daten-erfassung, Datenverarbeitung und Buchführung und schließlich für die Aufarbeitung von Fehlern. Mit JIT ist ein Großteil dieser Kosten und der damit verbundenen Tätigkeiten Ziel der Eliminierung. Materialentnahmebelege, die normalerweise für jede Bewegung von Material im Fertigungsprozeß Voraussetzung sind, werden abgeschafft. Die Grundidee ist, daß der Produktionsfluß vereinfacht und beschleunigt wird, wenn kein Belegaufwand ihn überlagert.

Transaktionen zum Abgleichen beziehen sich weitgehend auf Planungs-tätigkeiten, die die logistischen Transaktionen auslösen. Sie schließen die Fertigungssteuerung, Beschaffung, Grobplanung oder Master Scheduling sowie die Kunden- und Fertigungsauftragsverwaltung mit ein.

In den meisten Firmen machen die vorgenannten Tätigkeiten und Transaktionen ca. 10% bis 20% der gesamten Produktionskosten aus. Noch einmal, JIT bietet die Möglichkeit, diese Kosten erheblich zu senken. In einigen Implementierungsbeispielen konnte im Bereich der Materialbedarfsplanung der Aufwand um 75 bis 90% reduziert werden. Der Verbesserungsgrad kann noch erhöht werden, wenn man die Zulieferer mitberücksichtigt, denn auch hier reduziert sich der Verwaltungsaufwand erheblich.

Eine weitere Kategorie für die Verursachung von Kosten durch die "Firma in der Firma" sind die sogenannten **Änderungstransaktionen**. Dazu gehören Konstruktionsänderungen und alle Veränderungen, die den Produktionsplanungs- und Steuerungsprozeß betreffen, wie zum Beispiel Arbeitsplan-, Stücklisten- und Materialspezifikationsänderungen. Tätigkeiten, die durch Konstruktionsänderungen verursacht werden, gehören zu den teuersten in der ganzen Firma. Eine solche Änderung macht die Kommunikation zwischen Verantwortlichen verschiedener Abteilungen nötig, die alle der Änderung zustimmen und die Folgeveränderungen in ihrem Verantwortungsbereich veranlassen und überwachen müssen. Betroffen sind in vielen Fällen die Produktionssteuerung, das Fertigungslinienmanagement, das für die Struktur und den Aufbau der Arbeitsplätze und Fertigungsinseln verantwortlich ist, die Fertigung selbst und die Beschaffung.

Ein Weg, den Firmen beschreiten, um der Überlagerung des eigentlichen Produktionsprozesses durch die "Firma in der Firma" mit all ihren Transaktionen und Tätigkeiten entgegenzuwirken, ist, die Zahl dieser Transaktionen radikal zu beschneiden. JIT ist dazu ein nützliches Werkzeug. Den Fertigungsprozeß zu stabilisieren, d.h. den Prozeß von Störungen zu befreien, ist ein weiterer Ansatzpunkt. Auch dieses Ziel wird von JIT unterstützt. Eine dritte Möglichkeit stellt die Automatisierung solcher Tätigkeiten dar, z.B. mit barcodes und einem damit verbundenen höheren Grad an Redundanzfreiheit der Daten. Vor der Orientierung hin zur Automatisierung sollte jedoch versucht werden, den Produktionsprozeß zu stabilisieren und unnötige Tätigkeiten zu eliminieren.

2.2.2.3 Die Bausteine von Just in Time im PPS-System

Wie Bild 2.2 zeigt verbindet JIT vier große Bausteine zur Gestaltung von PPS-Systemen: Produktentwicklung, Prozeßaufbau, menschliche und organisatorische Elemente und die Produktionsplanung und -steuerung /5/. JIT bestimmt die Verbindung dieser vier Bausteine.

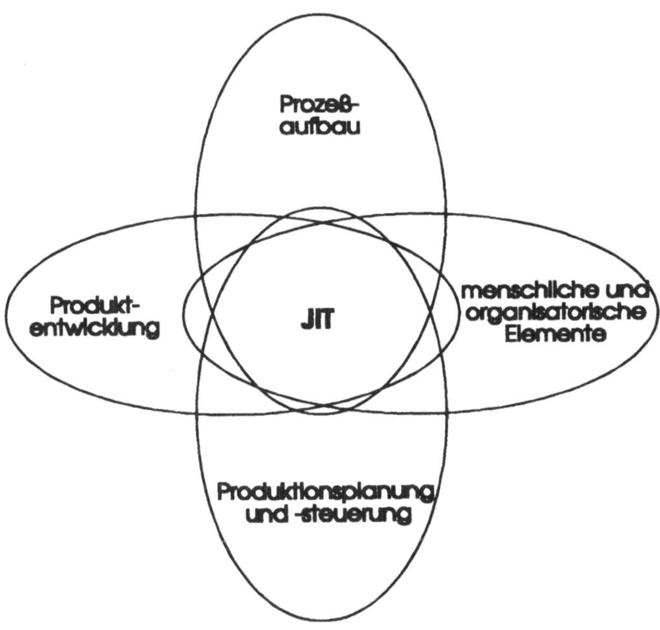

Bild 2.2: JIT-Bausteine /5/

Produktentwicklung

Kritische Aspekte der Produktentwicklung sind Qualität, Entwicklung für die Fertigung in Fertigungszellen und die Minimierung von Strukturebenen in den Stücklisten. Einige Firmen versuchen, die Zahl der Ebenen auf zwei oder drei zu begrenzen (die zuvor beschriebenen Phantome werden nicht gezählt). Mit nur zwei oder drei Strukturebenen müssen Teile und Baugruppen während des Fertigungsprozesses nur zwei- oder dreimal durch die Lagerverwaltung zur Einlagerung und Ausgabe erfaßt werden.

Prozeßaufbau

Die Reduzierung der Strukturebenen in den Stücklisten ist eng verbunden mit der Gestaltung des Fertigungsprozesses. Damit sich weniger Strukturebenen in den Stücklisten im Fertigungsprozeß auswirken, muß die Zahl der Arbeitsfortschritts-meldungen während der Ausführung eines Arbeitsplanes verringert werden. Oftmals wird die Produktion nach dem Prinzip der Inselfertigung umgestaltet. Die Arbeitsplätze werden zumeist in U-Form aufgebaut, um den Fertigungsfluß zu verbessern und dabei minimale Bestände zu garantieren. Ziel ist es, die Beweglichkeit des zu verarbeitenden Materials zu maximieren. Fertigungsaufträge müssen mit kurzen Durchlaufzeiten abgewickelt werden, damit eine Überwachung der einzelnen Arbeitsschritte unnötig wird.

Die Bandbreite ist ein weiterer wichtiger Gesichtspunkt bei der Gestaltung des Fertigungsprozesses. Ein System mit großer Bandbreite stellt ausreichende Kapazitäten bereit für eine große Produktpalette, sowie das Abfangen von Absatz- und Nachfrageschwankungen.

Produktionsplanung und -steuerung

Das Produktionsplanungs- und -steuerungssystem wird hauptsächlich durch die Konzentration auf geringe Bestände und die Verkürzung der Durchlaufzeit betroffen. Nach den Prinzipien von JIT wirkt sich dies dadurch aus, daß die Bestände nicht mehr an der Kapazitätsauslastung ausgerichtet werden. JIT-Systeme sollen so gestaltet sein, daß sie einen höchstmöglichen Grad an Reaktionsfähigkeit haben, um eine große Variation von Nachfragevolumen und Produkten zu befriedigen.

Das Ziel ist, jedes Produkt direkt nach jedem anderen ohne große Unterbrechungen produzieren zu können.

Organisatorische und menschliche Elemente

Der vierte große Baustein sind die organisatorischen und menschlichen Elemente. Die Berücksichtigung menschlicher Aspekte wird als "ganze Person"-Konzept bezeichnet. Dieses Konzept erkennt an, daß der Grad der Qualifikation und des Könnens der Mitarbeiter einen bisweilen höheren Wert für die Firma hat als die Maschinen und die Werkhalle. Aus dieser Erkenntnis heraus werden die Mitarbeiter ständig geschult und weitergebildet. Mitarbeiterschulung ist eine Investition in das Produktionsmittel Arbeitskraft. Mit steigendem Qualifikations-grad der Mitarbeiter sinkt die Notwendigkeit von übergeordneter Führung und Unterstützung. Für die organisatorischen Aspekte gilt, daß jeder Prozeß kontinuierlich verbessert werden kann. Beide Aspekte sind miteinander verbunden. Nur besser ausgebildete und fähigere Mitarbeiter können den Produktionsprozeß ständig verbessern.

Mit dem Ziel großer Bandbreite und nicht dem Aufbau großer Lagerbestände zur direkten Nutzung der Arbeitskraft ergibt sich die Notwendigkeit sogenannter "Wogen"-Kapazitäten. So werden zusätzliche Kapazitäten bezeichnet, die ständig bereitgehalten werden, um Bedarfsspitzen abfangen zu können. Mit dem Vorhandensein solcher Extrakapazitäten ergibt sich, daß die Kapazität der Mitarbeiter im Mittel nicht voll für die Produktion ausgenutzt wird. Tatsächlich basiert das "ganze Person"-Konzept auf dem Grundsatz, den ganzen Mitarbeiter und nicht nur seine Muskeln zu beschäftigen. Die Restkapazität eines jeden Mitarbeiters wird genutzt, um ihn weiterzubilden, und zwar nicht nur in der Erfüllung seiner direkten Aufgabe in der Fertigung, sondern auch in der Ausführung alternativer Tätigkeiten, wie Wartung und Bedienung anderer Maschinen, sowie Schulung zur Planung und Terminierung und Organisation der Arbeit. Einem in dieser Form weitergebildeter Mitarbeiter kann ein größerer Verantwortungsbereich übertragen werden.

Die Integration dieses Konzeptes in ein PPS-System bewirkt eine deutliche Veränderung. Von einem JIT-Standpunkt aus verschiebt sich ein Teil der planerischen und steuernden Tätigkeiten von der Planungs- und Steuerungsebene auf die Werkstattebene.

2.2.2.4 Zusammenfassung

Unabhängig vom Produktionskonzept ist es immer nötig, die Produktion einschließlich Materialbedarf, Kapazitäten und Terminierung, basierend auf Arbeitsplänen und Stücklisten, zu planen. Die Grundfunktionen bleiben also erhalten, der Umfang und die Struktur verändern sich jedoch.

Der ganze JIT-Prozeß konzentriert sich auf eine Vereinfachung des Fertigungsprozesses. Ohne Ausschuß, ohne Lagerbestände, Störungen und mit kurzen Durchlaufzeiten wird die detaillierte Planung und Terminierung einfacher. Darüber hinaus können auftretende Probleme leichter lokalisiert und damit leichter auf einer dezentralisierten Basis gelöst werden.

Wenn die Stücklisten nur noch zwei oder drei Strukturebenen enthalten, können die Kosten für die Materialbedarfsermittlung und damit verbundene Tätigkeiten deutlich gesenkt werden. Wenn die Arbeitsfortschritte auf der Werkstattebene durch Fertigungspersonal überwacht werden, möglich durch die Umsetzung des "ganze Person"-Konzept, können weitere Kosten gespart werden.

Es wird deutlich, daß mit JIT der Charakter der Fertigungssteuerung durch die Reduzierung von Transaktionen und Tätigkeiten verändert wird. JIT reduziert die Größe der "Firma in der Firma", die nur Papiere und Computertransaktionen, aber keine Produkte produziert. Tabelle 2.3 stellt zusammenfassend die Ziele und Bausteine von JIT dar.

Tab. 2.3: Ziele und Bausteine von JIT /5/

```
Ultimative Ziele:
        •keine Lagerbestände
        •kein Ausschuß
        •fließender Fertigungsprozeß
        •flexible Fertigung
        •Eliminierung von Ausschuß im Sinne von JIT

Bausteine:
        •Produktentwicklung:
                wenige Strukturebenen in den Stücklisten
                Zellenfertigung
                max. erreichbare Qualität
                standardisierte Teile
                Baukastenentwicklung
        •Prozeßgestaltung:
                Rüstzeitreduzierung
                Losgrößenreduzierung
                Qualitätsverbesserung
                Fertigungszellen
                Begrenzung der laufenden Fertigungsaufträge
                große Bandbreite für die Produktion
                keine Lagerräume
                Verbesserung der Fertigungsrate
        •Menschliche/organisatorische Elemente:
                "ganze Person"-Konzept
                Rotationsprinzip/ Crosstraining
                kontinuierliche Verbesserung
                begrenzte direkte und indirekte Überwachung
                geändertes Informationssystem
                Leistungsmessung
                Führungs- und Projektmanagement
        •Produktionsplanung und -steuerung
                Pull-System
                schnelle Flußzeiten
                kleine Transportlosgrößen im Fertigungsprozeß
                belegfreie Systeme
                visuelle Systeme
                begrenzte Kapazitätsauslastung
                enge Beziehung zwischen Einkauf und Zulieferern
                JIT Software
                reduzierte Arbeitsfortschritts- und Lagerbestandsänderungs-
                meldungen
                Reduzierung von Kosten in der Planung und Steuerung
```

2.2.3 Integration von Just in Time in ein PPS-System

Leistungsdruck und wachsende Konkurrenz zwingen Firmen dazu, ihre bisherigen Produktionsstrategien zu ändern. Fallstudien von Firmen, die ihre Produktion erfolgreich umgestellt haben, zeigen, daß diese ihre Situation hauptsächlich durch die Verwirklichung von JIT-Aspekten erreicht haben /6,7/.

In der Mehrzahl der Fälle besteht bereits ein funktionierendes PPS-System, wenn in Firmen Aspekte von JIT implementiert werden sollen. Damit entsteht die Notwendigkeit für die Integration der zu verwirklichenden Teile von JIT in das bestehende System, da aus Kostengründen und wegen des ungeheuren Aufwandes eine komplette Implementierung eines neuen Systems nicht in Frage kommt.

Oftmals scheinen die Programme von JIT im Widerspruch mit dem vorhandenen System zu stehen. Wenn Durchlaufzeiten sinken, die Beweglichkeit von Material steigt, wird die Verarbeitung der Informationen zum kritischen Faktor. Sich erhöhende Nachfrage von Kunden oder auch zunehmende Teileähnlichkeit können das Problem verstärken.

Zum Beispiel konnte ein europäischer Unterhaltungselektronik-Konzern die Durchlaufzeit zur Produktion eines in großen Mengen hergestellten Teiles mit der Implementierung von JIT deutlich verkürzen und dadurch der erhöhten Nachfrage entsprechen /5/. Konstruktionsänderungen und Verbesserungen im Fertigungsprozeß führten zu einer Reduzierung der Rüst- und Fertigungszeiten. Die Losgrößen wurden ebenfalls reduziert. Die Kombination kleinerer Lose und gleichzeitig größerem Volumen führten zu einer deutlich höheren Zahl an laufenden Fertigungsaufträgen in der Produktion, deren Arbeitsfortschritte, Ein- und Auslagerungen alle durch die Fertigungssteuerung und Beständeüberwachung überwacht und erfaßt wurden. Diese Erhöhung des Datenverarbeitungsaufwandes bedingte eine Limitierung des Erfolges, der durch die anderen Schritte erreicht wurde.

Mit diesem Beispiel wird deutlich, daß Veränderungen auf der Werkstattebene Hand in Hand gehen müssen mit einer veränderten Handhabung des PPS-Systems. Die veränderte Handhabung wird durch die Implementierung von JIT-Software erforderlich und/oder durch die Veränderungen, die einer Umstrukturierung des Fertigungsprozesses folgen. In jedem Fall ist die Konsequenz klar. Die Aktivitäten in der Fertigungssteuerung müssen angepaßt werden. Meist geschieht dies durch eine Orientierung weg von einem Fertigungsauftrags-orientierten System hin zu

Kanban oder anderen einfacheren Steuersignalen. Eine Vereinfachung wird auch durch das zuvor beschrieben "backflushing" erreicht.

2.2.3.1 Physische Veränderungen auf der Werkstattebene zur Unterstützung der Integration

Eine der ersten Notwendigkeiten zur Einführung von JIT ist die Reduzierung der Lagerbestandsbewegungen /8/. Die Reduzierung der Ein- und Auslagerungsvorgänge verringert nicht nur den Datenaufwand, sondern ermöglicht einen schnelleren und direkteren Transport von Teilen und Komponenten zum nächsten Arbeitsplatz. Dies erhöht die Beweglichkeit des Materials und reduziert die Durchlaufzeiten. Damit ergibt sich die Notwendigkeit, die Art und Weise des Transports sowie die Signalgabe zum Transport anzupassen.

Ein größerer Grad an Verbesserung kann durch die Veränderung des Produktionsprozesses, wie zum Beispiel die Umstrukturierung auf Zellenfertigung, erreicht werden.
Zellenfertigung fördert die Integration von JIT in ein bestehendes System. Die Fertigung in der Zelle ermöglicht die Ausführung mehrerer Arbeitsschritte, so als ob es einer wäre. So kann die Fertigung in Form von gefertigten Teilen oder montierten Komponenten anstatt mit Arbeitsplänen terminiert werden. Ziel ist es, den Datenverarbeitungsaufwand zu begrenzen.

2.2.3.2 Kombination von MRP II und JIT

Immer wenn eine Kombination von JIT und MRP II angestrebt wird, ist es nötig, zwischen beiden Systemen hin und her zu springen. Zwischen einer JIT-Zelle in der Mitte eines MRP II-basierten Fertigungsprozesses ist eine Schnittstellengestaltung, die gute Kommunikation erlaubt, unerläßlich. Es muß eine Übergabe der Informationen an das JIT-System zu Beginn des JIT-Prozesses erfolgen und eine Rückgabe aktualisierter Informationen nach Beendigung des JIT-Prozesses an das MRP II-System. Ein Weg zu einer solchen Systemgestaltung ist das Erstellen von sogenannten Phantombelegen. Dies erlaubt die Rohmaterialbedarfsermittlung im MRP II-System, die Arbeitspläne für den JIT-Bereich werden jedoch ignoriert und die gefertigten Teile oder Komponenten erst nach der Fertigung nach JIT-Prinzipien (keine Beständeüberwachung und Arbeitsfortschrittskontrolle) wieder in das MRP II-System aufgenommen /5/.

Es sprechen Gründe dafür, die Einführung von JIT auf einem funktionierenden MRP II-basierten System aufzubauen. In den westlichen Unternehmen besteht eine logistisch, deterministische und hierarchisch aufgebaute Unternehmensstruktur. Die MRP II-basierten Systeme entsprechen dieser Struktur und sind damit relativ leicht zu implementieren. Wenn ein eigenständiges JIT-System in einer Firma mit der traditionellen Unternehmenskultur direkt eingeführt wird, ergibt sich damit zusätzliches Potential für Probleme. In diesem Fall müssen nicht nur die mit einer Systemeinführung verbundenen datentechnischen Probleme gelöst werden, sondern zusätzlich noch die Probleme, die sich aus der notwendigen Umstrukturierung der Produktion ergeben. Insbesondere das Fehlen von Puffern macht in solchen Fällen Probleme.

Für die schrittweise Einführung des JIT-Konzeptes, aufbauend auf einem MRP-basierten PPS-System, spricht auch die Tatsache, daß sich Teilaspekte von JIT auch ohne JIT-Software durchführen lassen. Qualitätsverbesserungen lassen sich unabhängig vom PPS-System verwirklichen und auch die Zellenfertigung kann schrittweise eingeführt werden, ohne den Produktionsprozeß zum Erliegen zu bringen. Zuletzt ist die Einführung von JIT nicht das Patentrezept für jeden Betrieb. Jeder einzelne Betrieb muß analysieren, abhängig von der Produktpalette, dem vorhandenen Produktionsprozeß und den vorhandenen Konzepten und Strukturen, ob und in welchem Maß die Einführung von JIT Vorteile bringt.

2.3 Kanban für die Steuerung

2.3.1 Das Prinzip und seine Entwicklung

Im konventionellen Produktionsprozeß wird ein Teil oder eine Komponente gefertigt und nach dem Arbeitsfortschritt direkt weitergeleitet an den nächsten Arbeitsplatz oder sie wird wieder eingelagert. Im Kanban-System wird dieser Prozeß des Weitergebens umgekehrt zu einem Prozeß des Abholens. Kanban wird häufig in einem Atemzug mit Just in Time genannt. Tatsächlich ist dieses Prinzip Teil der Toyota-Produktionsphilosophie und kann unter dem Oberbegriff der Lean Production geführt werden. Das japanische Wort *Kanban* wird im Westen häufig mit "Karte" oder "Zettel" übersetzt. Bei Toyota wird dieses System auch als das "Supermarkt-Prinzip" bezeichnet /4/.

Die Bezeichnung kommt tatsächlich von den Selbstbedienungsläden. In einem Supermarkt bestimmt der Kunde, was passiert. Die Kunden kommen in den Supermarkt, wissend, daß alles, was sie brauchen, in kleinen Mengen in den Regalen vorhanden ist. Dieses Vertrauen in das Vorhandensein der Waren garantiert, daß die Kunden immer nur kleine Mengen aus dem Regal nehmen. Innerhalb kürzester Zeit, Stunden oder wenige Tage, werden die Regale wieder aufgefüllt, und die Kunden können die Ware wieder entnehmen. Was aus den Regalen genommen wird, wird wieder exakt aufgefüllt. Für diesen Vorgang werden keine Belege erstellt. Der Kunde füllt keine Anforderungsscheine aus oder quittiert die Entnahme des Produktes aus dem Regal. Dieses System ist ein Abholsystem, weil der Kunde bestimmt, was als nächstes passiert.

Die Japaner übertrugen dieses Prinzip auf den Produktionsprozeß. Sie entwickelten zwei Arten von Signalen oder auf japanisch Kanban. Im Fertigungsprozeß entspricht der Kunde der Endmontage. Das erste Signal ist die Fertigungsauftragsfreigabe an die Endmontage und damit die Freigabe, die benötigten Teile und Komponenten zu holen. Die abholbare Menge ist limitiert, meist ausreichend für eine Arbeitszeit von einer Stunde. Bei Toyota machen die abholbaren Mengen höchstens 1/10 des Tagesbedarfs aus. Der Transport erfolgt in kleinen Containern, die die zweite Form der Signalgebung darstellen. Die zur Endmontage abgeholten Container und gleichzeitige Rückgabe der entleerten Boxen des vorherigen Zyklus stellen die Fertigungsfreigabe für die Teilefertigung oder Baugruppenmontage der nächsten Strukturebene dar. Das Signal bedeutet Fertigung zur Auffüllung des Containers, nicht mehr und nicht weniger.

Die Kette der Signalgebung geht zurück bis zu den Zulieferern, immer nach dem gleichen Prinzip. Bild 2.3 zeigt die Fertigungssteuerung nach Kanban an einem Beispiel. Im Bild gibt der Fertigungsauftrag an, die Menge einer Stunde A's zu fertigen, dann die Menge einer Stunde B's, den gleichen Zyklus noch einmal und schließlich die Menge einer Stunde C's. Dies stellt insgesamt einen Produktionszyklus dar mit dem Produktmix 40% A's, 40% B's und 20% C's.

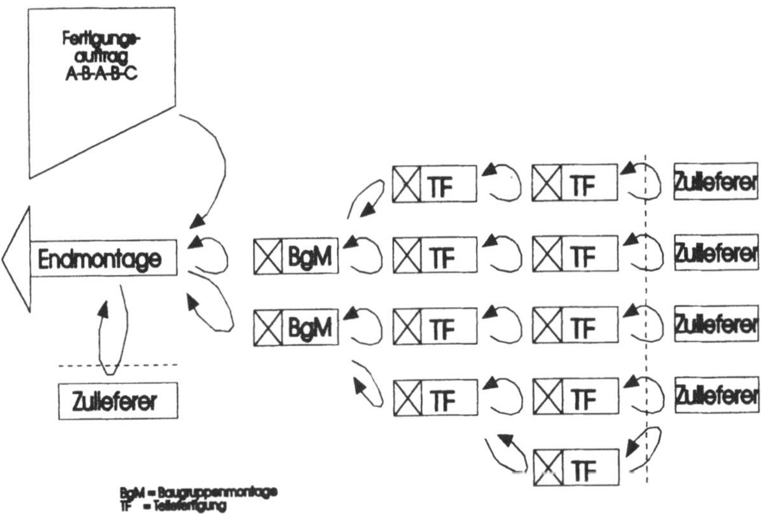

Bild 2.3: Fertigungssteuerung mit Kanban /4/

Theoretisch ist für diesen Prozeß nur ein Beleg erforderlich, abgesehen von den eigentlichen Kanban-Karten. Dieser Beleg ist der Fertigungsauftrag an die Endmontage. Unter dieser Voraussetzung kann der Fertigungsprozeß sehr fließend ablaufen und einen hohen Grad an Flexibilität erreichen. Es ist leicht ersichtlich, daß dieser Prozeß begrenzte Kapazitätsauslastung erfordert. Außerdem kommt dem Fertigungsfluß und dem gleichmäßigen Fertigungsbetrieb besondere Bedeutung zu. Würde plötzlich statt eines einzelnen Containers ein ganzer Monatsbedarf entnommen, würde dies den Produktionsprozeß aus dem Gleichgewicht werfen und zu erheblichen Problemen führen.

2.3.2 Flexibilität

Mit Kanban läßt sich ein hoher Grad an Flexibilität erreichen /4/. Angenommen die aktuelle Nachfrage oder auch die mittel- und langfristige Produktionsplanung ändert sich, ist der einzige Beleg, der sich für die Produktion ändert, der Fertigungsauftrag für die Endmontage. Da die Signalgabe für die untergeordneten Fertigungsschritte von der Endmontage aus erfolgt, ist keine aufwendige Neuterminierung notwendig. Prioritäten müssen nicht neu gesetzt werden, weil die minimalen Transportlose so schnell ersetzt werden, wie die Mengen vom Abholer verbraucht werden. Um diese Form des Fertigungsprozesses zu realisieren, ist es daher notwendig, die Produktionsrate auf einer Zeitbasis aufzubauen. Diese Zeitbasis muß sehr klein sein, z.B. eine Stunde, um keine Wartezeiten aufkommen zu lassen.

2.3.3 Perfektes Just in Time braucht kein Kanban

In vielen westlichen Firmen wird Kanban gleichgesetzt mit JIT-Produktion. Diese Gleichsetzung ist naheliegend, da mit Kanban wichtige Ziele von JIT, wie kleine Losgrößen, eine Reduzierung der Lagerbestände und die Orientierung am Fertigungsfluß, unterstützt werden. Es ist jedoch wichtig, sich klar zu machen, daß eine perfekte JIT-Produktion keine Kanban-Signale mehr braucht /4/. Die Losgröße eines perfekten JIT-Systems wäre "1 Stück". Mit perfektem Fertigungsfluß, einem Hauptaspekt von JIT, würde automatisch immer die richtige Rate an Teilen und Baugruppen für die Endmontage gefertigt, so daß die Signalgabe nach unten nicht mehr erforderlich wäre. Ein Kanban-Signal ist also ein Kompromiß, der zur Anwendung kommt, wenn perfekter Stück-für-Stück-Fertigungsfluß nicht erreicht werden kann. Dies bedeutet nichts anderes, als perfekt so zu definieren, daß das System ohne Steuerung funktioniert. In der Praxis ist dies sicherlich unrealistisch, und der Gedanke "perfektes JIT" dient auch nur der Konzentration auf einen der Hauptaspekte von JIT, den Fertigungsfluß. "Perfektes JIT" bedeutet nicht, daß das Hol-Prinzip aufgegeben wird. In einer perfekten JIT-Umgebung mit Stück-für-Stück-Fertigungsfluß würde jeder Fertigungsschritt immer noch die vorgelagerten Schritte auslösen, eben Stück für Stück.

2.3.4 Bedingungen, die Kanban notwendig machen

In der realen Produktionswelt ist es zumeist nicht möglich, eine Stück-für-Stück-Fertigung zu realisieren. In diesen Fällen ist weiterhin nötig, Lose zu bilden und diese zu transportieren. Kanban ist dazu ein nützliches Werkzeug. Zu den Umständen, unter denen Kanban zur Anwendung kommt, gehören /4/:

1. Wenn zwischen der Baugruppenmontage und der Endmontage eine räumliche Distanz besteht. Es ist unpraktisch, einzelne Baugruppen über große Distanzen zu transportieren.

2. Wenn die benötigte Zeit zum Umrüsten bei Produktwechsel zwischen unter- und übergeordnetem Arbeitsplatz unterschiedlich ist. Es ist unmöglich, zur Einzelfertigung zu kommen, wenn die Umrüstzeiten voneinander stark abweichen. Ein zuarbeitender Arbeitsplatz mit längerer Umrüstzeit muß mit höherer Stückzahl pro Zeiteinheit produzieren, als vom abnehmenden Arbeitsplatz verlangt wird, um Zeit für die Umrüstung zu gewinnen.

3. Wenn eine Firma zur Zellenfertigung übergehen will, aber nur eine Maschine für einen Fertigungsschritt zur Verfügung steht, die aber in mehreren Zellen zur Anwendung kommen müßte. In diesem Fall wird die Maschine von den Fertigungszellen räumlich getrennt. Die Verbindung zu den einzelnen Zellen erfolgt dann über Kanban-Signale, mit denen die Fertigung an der Maschine ausgelöst wird. Damit wird die Versorgung der verschiedenen Zellen mit regelmäßigen kleinen Mengen ermöglicht und die Maschine in die verschiedenen Zellen quasi integriert.

4. Wenn eine Firma sich entschließt eine Maschine nicht in eine Fertigungszelle zu integrieren, weil die Maschine zu hohe Standzeiten aufweist, die dann die ganze Zelle zum Stehen bringen würde. Bis das Problem für die hohen Standzeiten beseitigt wird, muß die Maschine mit einer eigenen Produktionsrate betrieben und wie unter Punkt 3 mit Kanban-Signalen mit der Zelle verbunden werden.

5. Wenn Qualitätsprobleme, Engpässe oder Kapazitätsprobleme auftreten, die den Fertigungsfluß behindern

2.3.5 Kanban-Karten

Kanban-Signale können alle Größen und Formen annehmen. Das klassische Signal ist eine Karte - entsprechend der Übersetzung "Kanban". Auf der Karte stehen folgende Informationen /9/:

- Teilenummer
- Typ und Größe des Containers
- Anzahl der Teile im Container
- Anzahl der Karten mit den gleichen Angaben im System
- Ortsangabe, wo der Container abgeholt werden kann

Firmen, die in einer "öligen" Umgebung produzieren, wandten sich als erste ab von der klassischen Karte, weil diese bald unleserlich wurde. Stattdessen haben sich über die Jahre verschieden andere Karten entwickelt. Verbreitet sind Metallplättchen, auf denen die gleichen Informationen stehen, wie auf den Papierkarten, und die an Körben oder Wannen befestigt sind. Manche Kanban sind einfach nur besonders geformt oder farbcodiert.

Hewlett Packard hat die Beladungsorte der Container besonders gekennzeichnet. Steht ein leerer Container auf diesem Platz, ist dies das Signal zur Fertigung. Cummins Engine verwendet numerierte Tischtennisbälle und General Motors verwendet Signale, die über vernetzte Computer übermittelt werden. Mit fortgeschrittenem Implementierungsgrad werden die Container selbst zum Signal, sowohl intern als auch für die Zulieferer.

2.3.6 Ein Kanban-System braucht kleine Losgrößen und kurze Rüstzeiten

Wenn mit Kanban-Signalen gearbeitet wird, gibt es einige Schlüssel, um das System funktionsfähig zu gestalten. Der Hauptschlüssel ist, die Container schnell und regelmäßig wieder aufzufüllen /4/. Um dies zu erreichen, müssen die Losgrößen reduziert werden. Um Losgrößen reduzieren zu können, ist es nötig, die Rüstzeiten zu reduzieren. Die Richtigkeit dieser Aussage unterstreicht ein einfaches Rechenbeispiel. Eine Firma hat für seine Maschinen eine Rüstzeit von 8 Stunden und ermittelt aus Wirtschaftlichkeitsgründen eine Mindestproduktionszykluszeit von 16 Stunden. Die Firma beginnt das Rüsten der Maschine zum produzieren von A's. Im gleichen Moment erhält die Maschine ein Kanban-Signal zum produzieren einer Menge B's für eine Stunde von der Montageinsel. Die Produktion von B's kann frühestens nach 32 Stunden aufgenommen werden (24 Stunden zum Rüsten der Maschine und Produzieren von A's plus 8 Stunden zum Umrüsten auf Produktion von B's). Wenn eine Stunde nach dem Beginn des

Rüstvorgangs zur Produktion von A´s ein Signal zur Produktion von C´s gegeben wird, wird die Produktion dieser C´s erst nach 55 Stunden aufgenommen. Eine Firma, die sich gegen solche Wartezeiten schützen will, wird um ein riesiges Warenlager nicht herumkommen, und genau das Lager ist das, was eliminiert werden soll.

Das oben beschriebene System des Abholens funktioniert in einem einfachen, sich wiederholenden Produktionsprozeß mit einer relativ schmalen Produktpalette. Ein Hol-System funktioniert allerdings auch in einem komplexen Produktionsprozeß. Die Signalgebung muß hier nur etwas anders interpretiert werden. In einem einfachen Prozeß bedeutet die Signalgabe die Freigabe, genau das zu ersetzen, was soeben verbraucht wurde. Die verbrauchten Mengen sind standardisierte Mengen. In einem komplexen Prozeß bedeutet die Signalgabe die Freigabe, das zu senden, was als nächstes in der Reihe steht. Während in einem einfachen Prozeß die Teilenummer und eine Mengeneinheit die Signalgabe ausmachen, kann in einem komplexen Produktionsprozeß die Freigabe zum Senden der für den nächsten Auftrag benötigten Menge, mit der Auftragsnummer als Schlüsselbegriff, das Kanban-Signal sein. In jedem Fall erfolgt die Freigabe für die Fertigung mit Hilfe eines Kanban-Signals. Das Prinzip ist das gleiche. Die abnehmende Abteilung teilt der fertigenden Abteilung mit, was als nächstes zu tun ist.

3 Optimized Production Technology

3.1 Philosophie und Historie

Ursprünglich stand OPT für Optimized Production Timetable. Dieser Begriff wurde mit der Entwicklung zu einem Produktionssteuerungssystem durch Optimized Production Technology ersetzt. In der Bundesrepublik Deutschland wurde im Jahre 1984 erstmals ein System mit dem Namen OPT vorgestellt /10/. Das von E.M.Goldratt und anderen in Israel entwickelte Softwareprodukt wird in den USA seit etwa 1982 von namhaften Firmen eingesetzt. OPT ist in doppelter Hinsicht rechtlich geschützt. Zum einen ist das OPT-Konzept als Philosophie, zum anderen ist das Softwarepaket und dessen Algorithmus urheberrechtlich geschützt.

Das System soll zur Führung und Lenkung der Produktion dienen, "wobei nicht Teil- oder Einzelmaßnahmen betrachtet werden, sondern die Betriebsleistung insgesamt" /11/. Die Firma Creative Output als Anbieter des Verfahrens sieht in dem OPT-Ansatz eine wesentliche Verbesserung gegenüber dem amerikanischen MRP (Material Requirement Planning)-System und dem japanischen Kanban-System /12/. Andere Autoren sehen in OPT eher eine Ergänzung des MRP-Ansatzes, die zu einer wesentlichen Beschleunigung des MRP II-Systems führt /5,13,14/.

Die nachfolgende Systembeschreibung baut auf diesem Ansatz auf. Zur Verdeutlichung des Konzepts werden die konventionellen Planungsregeln und die OPT-Regeln einander gegenübergestellt (Bild 3.1) /15/.

So wird in der OPT-Regel 1 zunächst die Bedeutung des Fertigungsflusses gegenüber der konventionellen Betonung der Kapazitätsauslastung herausgestellt. Die Regeln 2 bis 6 heben hervor, daß es wichtig ist, den Auftragsdurchlauf auf die Engpaßkapazitäten abzustellen.

Zu diesem Zweck wird das gesamte Auftragsnetz in zwei Teilnetze aufgeteilt, von denen das eine die kritischen und das andere die nicht-kritischen Kapazitäten enthält. Auf die Engpaßkapazitäten soll sich auch die Qualitätssicherung konzentrieren, im Gegensatz zu dem angeblichen "Gießkannenprinzip" der japanischen Qualitätsphilosophie. Weiterhin sollen Rüstzeiten an den Engpässen möglichst vermieden werden, während Rüstzeiteinsparungen an Nichtengpässen zu Leerlaufzeiten führen sollen.

Zur Beschleunigung des Durchlaufes wird weiterhin zwischen einem Bearbeitungslos und einem Transportlos unterschieden (Regeln 7 und 8). Das Bearbeitungslos ist ein ganzzahliges Vielfaches des Transportloses und soll im Durchlauf variabel sein. Schließlich wird die Durchlaufzeit eines Auftrages als Ergebnis der Planungsrechnung angesehen und kann angeblich nicht im voraus festgelegt werden (Regel 9).

Konventionelle Gesetze	OPT-Regeln
1. Kapazität abgleichen, dann versuchen, den Arbeitsablauf aufrechtzuerhalten.	1. Den Fertigungsfluß, nicht die Kapazität abgleichen
2. Der zeitliche Nutzungsgrad jedes Mitarbeiters richtet sich nach dessen Leistungsfähigkeit.	2. Der Nutzungsgrad einer Nicht-Engpaßkapazität wird nicht durch diese Kapazität bestimmt, sondern durch irgendeine andere Begrenzung im Gesamtablauf.
3. Bereitstellung und Nutzung der Mitarbeiter sind das gleiche.	3. Bereitstellung und Nutzung einer Kapazität sind nicht gleichbedeutend.
4. Eine in einer Engpaßkapazität verlorene Stunde ist nur eine an diesem Punkt verlorene Stunde.	4. Eine in einem Engpaß verlorene Stunde ist eine für das gesamte System verlorene Stunde.
5. Eine Stunde, die da eingespart wurde, wo ein Engpaß auftrat, ist eine an diesem Punkt gewonnene Stunde	5. Eine Stunde, die da gewonnen wurde, wo kein Engpaß auftrat, ist weiter nichts als ein Wunder.
6. Engpässe verringern vorübergehend die ausgebrachte Leistung, haben aber wenig Auswirkung auf die Bestände.	6. Engpässe bestimmen sowohl den Durchlauf als auch die Bestände.
7. Splitten und Überlappen von Losen sollten unterbunden werden.	7. Das Transportlos soll nicht gleich dem Verarbeitungslos sein und darf das in vielen Fällen auch nicht.
8. Das in Bearbeitung befindliche Los soll hinsichtlich des Arbeitsinhaltes und im gesamten Arbeitsablauf konstant sein.	8. Das in Bearbeitung befindliche Los muß variabel und nicht fest bestimmt sein.
9. Pläne sind in folgender Reihenfolge zu erstellen: •Festlegen der Losgröße •Berechnen der Durchlaufzeiten •Zuteilung der Prioritäten, Aufstellen des Ablaufplans nach den Durchlaufzeiten •Anpassen der Pläne an die offensichtlichen Kapazitätsengpässe durch Wiederholen der 3 ersten Schritte	9. Wenn Pläne aufgestellt werden, sind alle Voraussetzungen gleichzeitig zu überprüfen. Durchlaufzeiten sind das Ergebnis eines Planes und können nicht im voraus festgelegt werden.
MOTTO Der einzige Weg, um zu einem Gesamt-Optimum zu kommen, ist, das Einzel-Optimum zu sichern.	MOTTO Die Summe der Einzel-Optima ist nicht gleich dem Gesamt-Optimum.

Bild 3.1: Gegenüberstellung der konventionellen und der OPT-Regeln zur Steuerung eines Unternehmens /15/

3.2 Das System

Der OPT-Prozeß beginnt mit einer Zusammenführung von Daten aus der Stücklistendatei mit Daten aus der Arbeitsplandatei. Das Ergebnis ist ein Netzplan, oder ein erweitertes Baumdiagramm, in dem zu jedem Teil in der Erzeugnisstruktur direkt die Fertigungsdaten gezeigt werden. Diese Daten werden dann mit dem MPS (Master Production Schedule oder übergeordnete Produktionsplanung, Grobterminierung) zu einem Produktnetzplan verbunden /16/. Bild 3.2 zeigt symbolisch den Produkt-Netzplan von OPT.

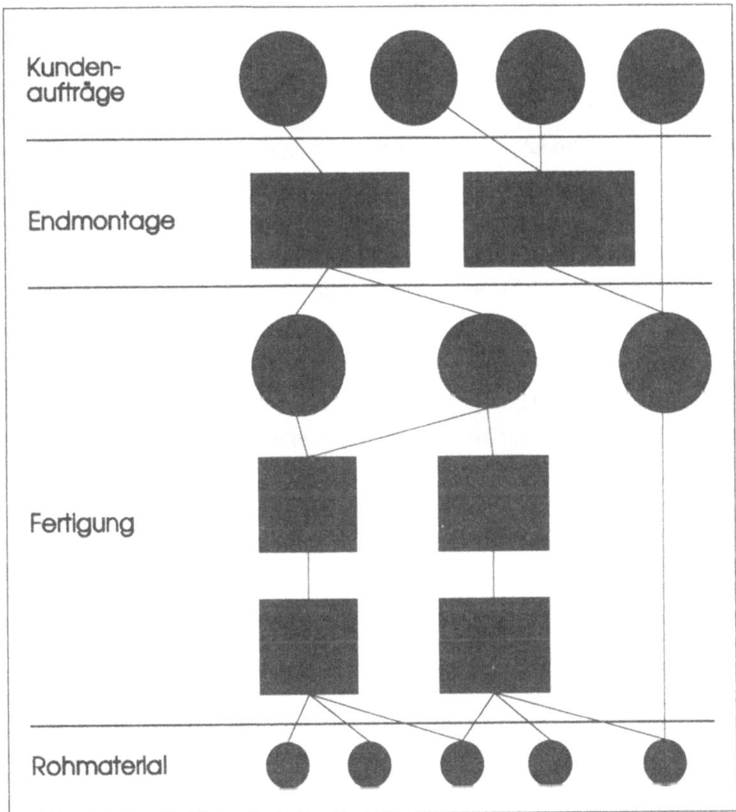

Bild 3.2: Beispiel für einen Produktnetzplan /16/

Kundenaufträge sind verbunden mit dem Montageprozeß, dieser mit den komplettierten Baugruppen, die Baugruppen sind verbunden mit den einzelnen Fertigungsschritten und diese letztlich mit dem Rohmaterial.

Die OPT-Dateien enthalten außerdem Daten über

- Kapazitäten,
- Maximalbestandsdaten,
- minimale Losgrößen,
- Bestellmengen,
- Endtermine,
- alternative Fertigungswege,
- Beschränkungen

und andere Daten, die normalerweise in Fertigungssteuerungssystemen genutzt werden. In Bild 3.3 gehören diese Daten zu dem Teil "Produktionsmittelbeschreibung".

Produktnetzplan und Produktionsmittelbeschreibung durchlaufen dann eine Reihe von Routinen, BUILTNET und SERVE, die die Engpaßstellen identifizieren. Die BUILTNET-Routine (engl.: builtnet = Fertigungsnetz) verbindet den Produktnetzplan und die Produktionsmittelinformationen, um daraus einen OPT-Netzplan der Engpaßstellen zu formen. Die SERVE-Routine benutzt die Informationen über die nicht kritischen Produktionsmittel, um diese vom Endtermin ausgehend rückwärts zu terminieren. Die Logik ist vergleichbar der von MRP. Auch hier werden unbestimmte Kapazitäten für die Produktionsmittel angenommen. Mit Hilfe einer ersten Analyse werden Belege erstellt, die auf die Engpaßstellen hinweisen.

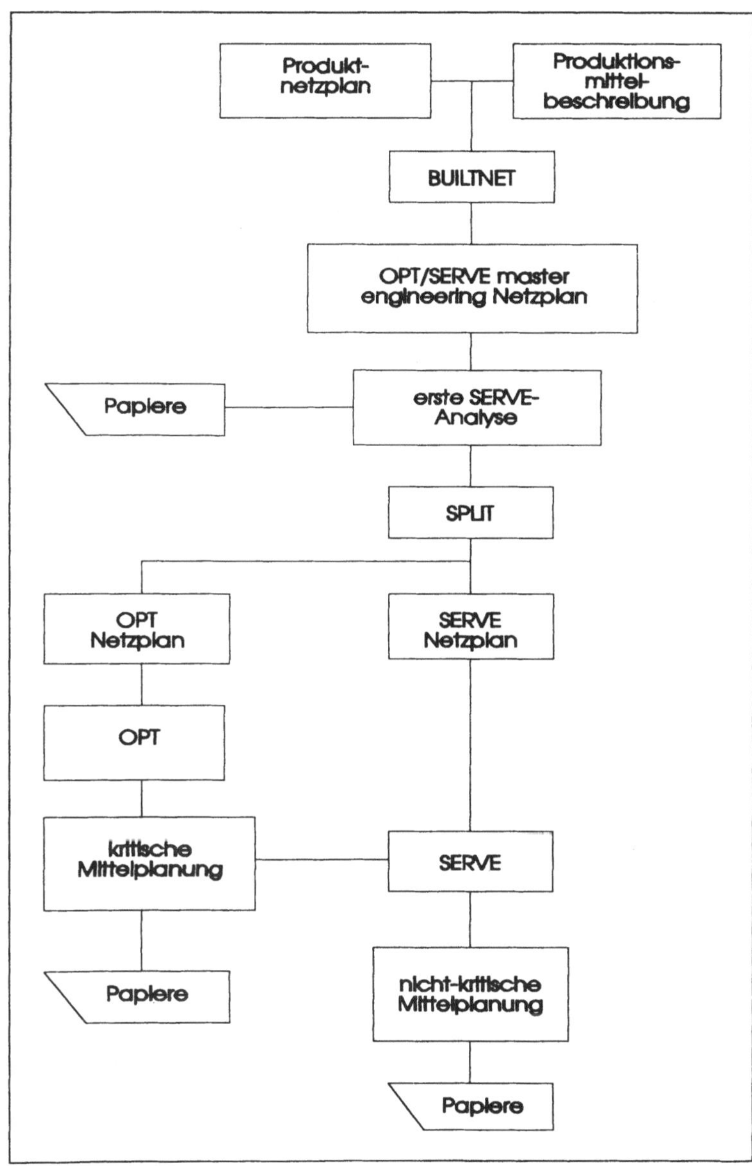

Bild 3.3 : Datenfluß im OPT-System /11/

Teil des Systems ist eine Grob-Kapazitätsplanungsroutine, die ähnliche Informationen bereitstellt wie andere Kapazitätsplanungsmodule. Da der OPT-Produktnetzplan sowohl die Teilestruktur als auch die Arbeitspläne enthält, ist das Ergebnis eines Durchlaufes durch den Netzplan eine ungefähre Kapazitätsbedarfsermittlung für jeden Arbeitsplatz. Darüber hinaus kann auf jeder Planungsstufe eine Korrekturberechnung durchgeführt werden, um die ermittelten Kapazitätsbedarfsdaten der vorhergehenden Stufe zu überprüfen. Die Losgrößen auf der Stufe der Grobplanung basieren auf Los-zu-Los-Regeln. Der resultierende Kapazitätsbedarf geteilt durch die Anzahl von Wochen für den Planungshorizont ergibt den durchschnittlichen Kapazitätsbedarf für jeden Arbeitsplatz. Dieser Wert geteilt durch die volle Arbeitsplatzkapazität ergibt die erwartete durchschnittliche Auslastung.

Die durchschnittlichen Auslastungen für jeden Arbeitsplatz werden in absteigender Form sortiert und die Arbeitsplätze mit den höchsten Auslastungsgraden werden analysiert. Typischerweise werden

- die Daten auf Korrektheit überprüft,
- die Zeiten überprüft, ob sie realistisch sind,
- die Möglichkeit zur Erhöhung der Kapazitäten überprüft,
- alternative Arbeitsplätze gesucht.

Jede Veränderung, basierend auf dieser Analyse, mündet in einen neuen Durchlauf, um Engpaßveränderungen zu überprüfen.

An diesem Punkt wird der Produktnetzplan durch die sogenannte SPLIT-Routine in zwei Teile aufgespalten. Bild 3.4 zeigt symbolisch das Ergebnis einer SPLIT-Routine. Der untere Teil (der SERVE-Netzplan) beinhaltet alle Operationen, die den Engpaßstellen vorausgehen. Der obere Teil (der OPT-Netzplan) beinhaltet alle Engpaßstellen und alle folgenden Operationen, einschließlich der Nachfrage am Markt (Kundenaufträge) für Endprodukte mit Teilen, die die Engpaßstellen durchlaufen. Der OPT-Netzplan bestimmt eine vorwärts begrenzte Auslastung mit Hilfe von Goldratts Algorithmus.

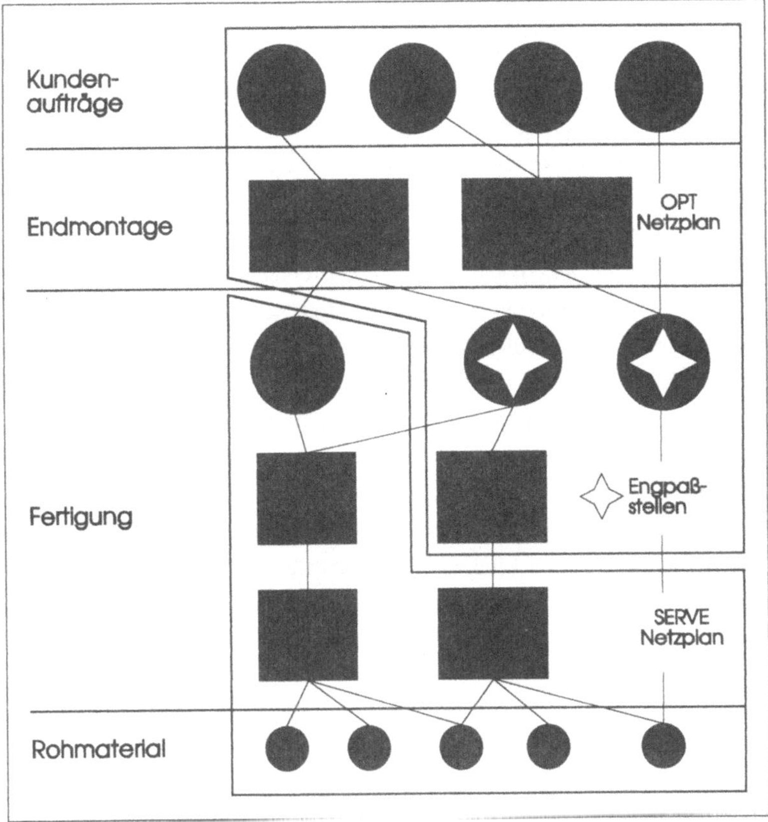

Bild 3.4 : Produktnetzplan : Aufsplitten kritisch - nicht kritisch /16/

Der SERVE-Netzplan schließt alle Nichtengpaßteileoperationen (die nicht kritische Produktionsmittelterminierung) ein, die rückwärts mit MRP-Logik terminiert sind. Im ersten Terminierungsdurchlauf unter der SERVE-Routine sind die Endtermine für alle Fertigungsoperationen losgelöst von den Endterminen gemäß den Kundenbestelldaten. Im zweiten Durchlauf jedoch basieren die Endtermine für jede Fertigungsoperation, die eine Engpaßstelle durchläuft, auf den Terminen, die durch den OPT-Netzplan vorwärts begrenzend bestimmt wurden.

Termine für diese Fertigungsoperationen sind damit so gesetzt, daß Material zur rechten Zeit für die erste Fertigungsoperation im OPT-Netzplan verfügbar sein wird.

Ein Vorteil der OPT-MRP-Aufteilung ist, daß offensichtlich wird, auf welche Punkte sich die Steuerung konzentrieren muß. Nicht nur daß die Engpaßkapazitäten durch die begrenzte Auslastung dieses kleinen Teils des gesamten Arbeitsplanes intensiver ausgenutzt werden, sondern die Identifizierung von Engpässen erlaubt es, Bestrebungen in Gang zu setzen, ihre Qualität und Produktivität zu verbessern.

Damit ist ein Hauptvorteil von OPT deutlich erkennbar. Wenn die begrenzte Auslastung der Engpaßstellen vervollständigt ist, ist das Ergebnis ein durchführbarer Fertigungsfolgeplan. Aus diesem Grund wird OPT auch als ein Fertigungsplanungs- und Steuerungsmodul angesehen. Andere Autoren /13,16/ in den USA, die sich intensiv mit dem MRP II-Konzept auseinandergesetzt haben, sehen OPT weniger als Fertigungsvorbereitungstechnik, sondern als eine Beschleunigung des MPS. OPT kann jeden Fertigungsfolgeplan als Input aufnehmen und auf seine Durchführbarkeit hin überprüfen.
Das heißt, OPT ermöglicht eine computergestützte Analyse der Rückmeldungen aus dem Motor und dem Endteil des MRP-Systems zum Frontteil - eine wichtige Verbesserung des MRP-Systems. Dies bedeutet, daß ein gültiger MPS (Produktionsplan) erstellt wird - ein Plan, der gute Chancen hat, durch die Firma erreicht zu werden -, der auf Kapazitätsdaten beruht, die in der Terminierung verwendet werden.

Ein zweiter Vorteil ergibt sich aus der Art und Weise, wie OPT die Nicht-Engpaßmittel terminiert. Der einfachste Weg, dies zu erkennen, ist anzunehmen, daß keine Engpässe vorhanden sind. In diesem Fall basiert OPT auf der MRP-Logik. Der Unterschied ist, daß OPT in diesem Fall die Losgrößen bis zu einem Punkt verkleinert, an dem einige Quellen annähernd zu Engpässen werden. Das Ergebnis ist weniger WIP - Work In Progress : verkürzte Durchlaufzeiten, höhere Transportgeschwindigkeiten und ein Schritt hin zu 0-Lagerbestand-Produktion. OPT erreicht dies durch Überlappen von Plänen, indem ungleiche Losgrößen für Transport und Bearbeitung verwendet werden.

OPTs dritter Vorteil ist, daß das Problem konkurrierender Prioritäten zwischen MRP und begrenzter Auslastung praktisch eliminiert wird. Da nur ein geringer Teil der Arbeitsplätze begrenzter Auslastung unterliegt, sollten Prioritätskonflikte weitgehend verschwinden. Darüber hinaus wird die Rechenzeit des Computers zur Berechnung der begrenzten Auslastung deutlich reduziert, da es sich nur um einen Teil der Aufträge und Arbeitsplätze handelt.

In der Praxis ist OPT als ein Fertigungssteuerungssystem in einigen Aspekten verschieden vom klassischen Ansatz. Ein grundlegender Lehrsatz von OPT ist, daß eine verlorene Stunde an einem Engpaß eine verlorene Stunde für das gesamte System ist, während eine verlorene Stunde an einem Nichtengpaß nicht ins Gewicht fällt. Das bedeutet, daß der Gebrauch der Engpaßkapazitäten von besonderer Bedeutung ist. OPT verbessert die Gebrauchsrate durch sogenannte WIP-Puffer vor den Engpaßstellen und an Stellen, wo Teile aus Engpässen mit anderen zusammengeführt werden. Außerdem verwendet OPT große Losgrößen an den Engpaßstellen, wodurch die relative Rüstzeit verringert wird.

In der Praxis hat der Aspekt variabler Losgrößen zwei Bedeutungen. Erstens wird die Durchlaufzeit verringert, kleine Lose durchlaufen Arbeitsplätze an Nichtengpässen schneller. Zweitens müssen Prozeduren entwickelt werden, die das Splitten und Zusammenführen von Losen während des Fertigungsprozesses erlauben.

3.3 OPT im Gesamtrahmen eines PPS-Systems

Als OPT erstmals vorgestellt wurde, geschah dies als Ersatz für ein integriertes PPS-System. Das stimmt nicht ganz. OPT schließt, nimmt man den MRP-Ansatz, Motor und Endteil des Systems ein in einer Art und Weise, die die Kapazitatsplanung parallel zur Materialbedarfsplanung ermöglicht /13/.

Ein grundlegendes Prinzip von OPT ist, daß nur Engpaßstellen eine kritische Bedeutung in der Planung haben mit dem Argument, die Fertigungsrate sei limitiert durch den Durchlauf an Engpaßstellen. Höhere Durchlaufraten können nur dann durch bessere Ausnutzung der Engpaßkapazitäten erreicht werden, und größere Lose sind ein Weg, die Kapazitäten besser auszunutzen.

OPT berechnet während des gesamten Fertigungsprozesses laufend veränderliche Losgrößen, abhängig davon, ob der nächste Arbeitsplatz ein Engpaß ist oder nicht. Dies hat für das PPS-System mehrere Bedeutungen. Normalerweise werden die Losgrößen als Teil des MRP-Prozesses gebildet und sind in Modellen mit begrenzter Auslastung eine feste Größe. Mit OPT ist dies nicht der Fall. Die Losgröße für ein Teil kann für einen Arbeitsschritt verschieden sein von der Losgröße des gleichen Teils für den nächsten Arbeitsschritt. Das bedeutet, daß die Arbeitspapiere, die dem Teil während des Fertigungsprozesses anheften, besonders gestaltet werden müssen. Tatsächlich werden mit OPT Auftragslose aufgespalten. Im Normalfall werden Auftragslose aufgespalten an Arbeitsplätzen mit einem Rückstand (Engpaßstellen), OPT bewirkt in diesem Fall genau das Gegenteil.

Der Schlüssel zur Losgrößenbildung mit OPT ist die Unterscheidung zwischen einem Transportlos (die Quantität, die zum Transport von Arbeitsplatz zu Arbeitsplatz freigegeben wird) und einem Bearbeitungslos (die Quantität, die am Arbeitsplatz zur Bearbeitung freigegeben wird). Die Differenz zwischen beiden wird am Arbeitsplatz als work in progress-Bestand geführt. Dazu kommt, daß kein Fertigungsschritt durchgeführt werden kann, solange nicht wenigstens ein Transportlos zur Nachfolge bereitsteht. Außerdem wird, unabhängig vom Rückstau, nur ein Transportlos gefertigt, es sei denn, durch die begrenzte Planungsroutine werden Vielfache des Loses angefordert.

Die Losgrößenbestimmung ist eng verbunden mit dem Planungsansatz in OPT, dem sogenannten "drum-buffer-rope" /5/. Der Name kommt von dem Engpaß, der die Planung bestimmt (das ist die Trommel = engl.: drum), dem Abhol-Prinzip entlang des nicht-kritischen Stranges (Strang = engl.: rope) und Puffern an den Engpässen und den Endpunkten der Fertigprodukte, nicht aber an den Nichtengpässen. Das Grundprinzip ist, Material und Teile so schnell wie möglich durch Nichtengpaßstellen zu bewegen. Am Engpaß wird die Arbeit mit maximaler Effektivität geplant, d.h. große Lose. Danach werden Teile und Material wieder mit maximaler Geschwindigkeit bis zum Endpunkt des Fertigproduktes bewegt. Dies bedeutet für die Losgrößenbildung sehr kleine Lose bis zu und ab den Engpaßstellen, große Lose für die Bearbeitung an den Engpässen.
Somit werden JIT-Bedingungen überall bis auf die Engpaßstellen geschaffen.

An OPT ist kritisiert worden, daß die Anforderungen an die Richtigkeit der Daten nicht so hoch sei wie bei MRP. Das ist teilweise richtig, wenn man davon ausgeht, daß für Teile, die Engpässe durchlaufen, und für die Arbeitsplätze weniger akkurate Daten verlangt werden. Im praktischen Gebrauch aber kann es sein, daß man die Engpässe gar nicht genau identifiziert. Sowohl MRP als auch OPT benötigen detaillierte Daten über die Produktstrukturen und die dazugehörigen Fertigungspläne. Datenbanken und entsprechende Datenverarbeitung sind für beide Systeme unerläßlich.

OPT verwendet die gleichen Daten wie viele andere PPS-Systeme. Für Firmen mit einem funktionierendem PPS-System erscheint die Einführung von OPT als Beschleunigungsinstrument für die Planung logisch, da das Verständnis für die Notwendigkeit einer Basisdatenbank und für die Closed-Loop-Prinzipien bereits besteht. OPT ist ein Beispiel für eine spezielle Lösung allgemein formulierter Problemstellungen. Das System ermöglicht der Firma die simultane Planung von Material und Kapazitäten und integriert das Konzept begrenzter Auslastung in das PPS-System.

3.4 Zusammenfassung

Das System wird als Softwarepaket kommerziell angeboten und soll es den Anwendern ermöglichen, in kurzer Zeit die Prinzipien der Just-In-Time-Produktion zu realisieren. Die Wechselbeziehungen zwischen Beständen, Losgrößen, Durchlaufzeiten und Kapazitäten sollen berücksichtigt werden, und die Kontrolle von Beständen, Cash-Flow und letztlich des Gewinns soll möglich sein. Dies geschieht mit einem "rechtlich geschütztem" Algorithmus, der bisher jedoch nicht ausdrücklich erläutert wird /5,13/.

4 Das Trichtermodell

Das Trichtermodell, auch belastungsorientierte Fertigungssteuerung genannt, wurde von Bechte an der Universität Hannover entwickelt. Die Forschungsarbeiten wurden nach 1979 von seinem Nachfolger Wiendahl fortgeführt /17/. Das Konzept ist von Softwarehäusern aufgegriffen und in verschiedenen Programmpaketen verwirklicht worden, zum Beispiel am Kernforschungszentrum in Karlsruhe mit dem System PSK 2000 der Firma Strässle Datentechnik in Stuttgart /18/. Das Trichtermodell ist ein Konzept für die Fertigungssteuerung und kein komplettes PPS-System.

In der traditionellen Fertigungssteuerung stand die hohe Auslastung der Kapazitäten im Vordergrund. Infolge der permanenten Rationalisierungs-maßnahmen in der Produktion ist diese Zielgröße immer mehr in den Hintergrund getreten. Vorrangige Ziele sind heute vor allem kurze Durchlaufzeiten, hohe Termintreue und niedrige Bestände.

Bei der Verwirklichung dieser Ziele entstehen mit den rein deterministischen Steuerungsmodellen Probleme. Zumeist entspricht der tatsächliche Fertigungs-ablauf nicht dem geplanten. Die Ursache für Fehlplanungen und Planab-weichungen sehen die Entwickler des Trichtermodells in der falschen Betrachtung und Bewertung der Durchlaufzeit, die die Grundlage der Planung und Steuerung ist. Anders als bei der deterministischen Produktionsplanung werden mit der belastungsorientierten Fertigungssteuerung die statistischen Gesetz-mäßigkeiten der Produktion mitberücksichtigt.

4.1 Die Durchlaufzeit und ihre Bestandteile

Im Trichtermodell ist die Durchlaufzeit der zentrale Steuerungsbegriff. Zum besseren Verständnis des Gesamtkonzeptes muß dieser Begriff erläutert werden.
Die Durchlaufzeit ist definiert als die Zeitspanne von der Entnahme des Materials bis zur Einlagerung in ein End- oder Zwischenlager. Die Zeit für einen Arbeitsvorgang ist dabei die kleinste Einheit. Bild 4.1 zeigt die Gliederung der Durchlaufzeit auf drei Ebenen.

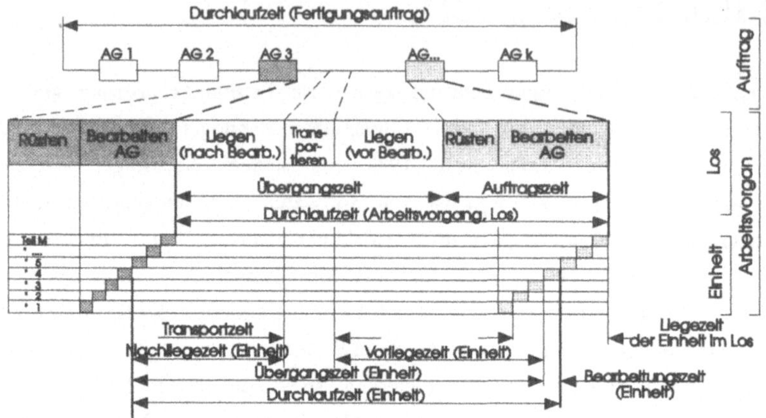

Bild 4.1: Durchlaufzeitanteile von Losen und Fertigungsaufträgen /17/

Auf der *Auftragsebene* bestehen die einzelnen Arbeitsvorgänge AG_1 bis AG_K. Auf der Arbeitsvorgangsebene wird jeder einzelne Arbeitsvorgang dann in fünf weitere Bestandteile zerlegt:

- Liegen nach Bearbeiten
- Transportieren
- Liegen vor Bearbeiten
- Rüsten
- Bearbeiten

Die Liegezeit nach Bearbeiten und die Transportzeit werden hier dem Folgearbeitsplatz zugerechnet.

Der Fertigungsauftrag besteht meistens aus mehreren Teilen, die zusammengefaßt als Fertigungslos bezeichnet werden. Auf der *Ebene der einzelnen Werkstücke* kann man erkennen, daß für jedes Teil innerhalb der Bearbeitungszeit des Loses noch eine weitere Liegezeit hinzukommt, die sogenannte Losliegezeit.

Als Durchlaufelement wird die Durchlaufzeit gemäß der oben beschriebenen Aufteilung für einen Arbeitsvorgang bezeichnet (Bild 4.2).

Für die Planung, z.B. in der Durchlaufterminierung, ist die mittlere Durchlaufzeit von Bedeutung. Die mittlere Durchlaufzeit ist dabei der arithmetisch gemittelte Wert der einzelnen Durchlaufzeiten mehrerer Aufträge über einen bestimmten Zeitraum.

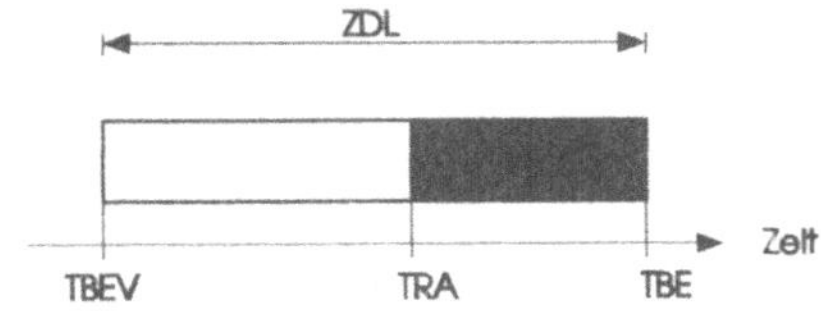

a, eindimensionales Durchlaufelement

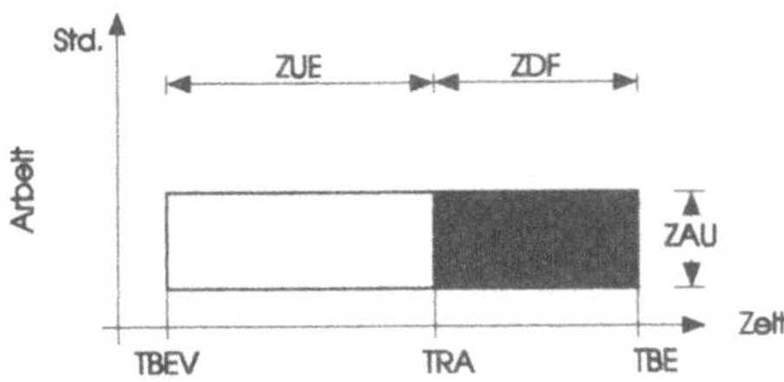

b, zweidimensionales Durchlaufelement,
   arbeitsbezogen

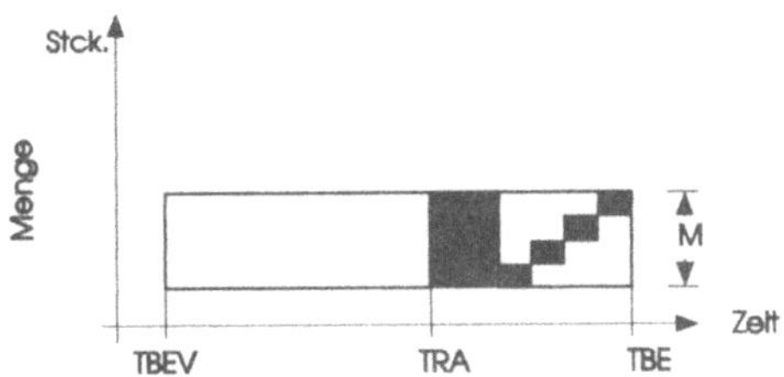

c, zweidimensionales Durchlaufelement,
   mengenbezogen

```
ZDL=TBE-TBEV : Durchlaufzeit, TBEV : Bearbeitungsende Vorgänger,
ZUE=TRA-TBEV : Übergangszeit, TBE  : Bearbeitungsende,
ZDF=TBE-TRA  : Durchführungszeit, TRA   : Rüstanfang,
ZAU  : Auftragszeit, M      : Losgröße
```

Bild 4.2: Gegenüberstellung des arbeitsbezogenen und mengenbezogenen Durchlaufelementes /17/

Wenn die Kapazität in der Einheit Stunden / Tag angegeben wird, ist es sinnvoll, auch den Bestand an Fertigungslosen in Stunden anzugeben. Das erfolgt über die Gewichtung jeder einzelnen Durchlaufzeit.

Dadurch erhält das Durchlaufelement gewissermaßen eine zweite Dimension (Bild 4.2 b,c). Bechte /19/ bezeichnet dieses Element als zweidimensionales Durchlaufelement. Wenn diese zweite Dimension der Arbeitsinhalt in Stunden ist, wird es als arbeitsbezogenes zweidimensionales Durchlaufelement bezeichnet. Ist die Dimension die Stückzahl der im Auftrag enthaltenen Teile, wird es zweckmäßig als mengenbezogenes zweidimensionales Durchlaufelement bezeichnet. Die entsprechende Durchlaufzeit wird als gewichtete Durchlaufzeit bezeichnet.

Mit der mittleren Durchlaufzeit wird die Arbeit, gemessen in Stunden, ermittelt, die durch das Arbeitssystem gelaufen ist. Die Anzahl der Aufträge ist dabei nicht interessant. Man multipliziert daher (gewichtet) jede Durchlaufzeit mit dem Arbeitsinhalt, also der Auftragszeit ZAU, so daß eine Fläche entsteht, die als gewichtete Durchlaufzeit des Arbeitsvorgangs gedeutet wird (Bild 4.2 b).
Zur Mittelwertbildung muß man dann die Summe dieser Flächen durch die Anzahl der abgefertigten Stunden dividieren, so daß sich ergibt:

$$ZDL_{mg} = \frac{\sum_{i=1}^{n} ZDL_i * ZAU_i}{\sum_{i=1}^{n} ZAU_i}$$

ZDL_{mg} = mittlere gewichtete Durchlaufzeit

ZDL_i = Durchlaufzeit des Auftrages i

ZAU_i = Auftragszeit des Auftrages i

Die gewichtete mittlere Durchlaufzeit gibt also an, wie lange es im Mittel dauert, bis eine Arbeitseinheit (z.B. 1 Stunde) durch das betrachtete Arbeitssystem gelaufen ist.

Bechte und Kettner haben zur Steuerung des Fertigungsprozesses die Durchlaufzeitvorstellung in ein Trichtermodell übertragen und so dem Konzept zum gleichen Namen verholfen. Bild 4.3 zeigt die Übertragung der Durchlaufzeitbetrachtung auf das Trichtermodell.

Die ankommenden Lose bilden einen Bestand an wartenden Losen, die alle durch die Trichteröffnung hindurchwollen. Die Trichteröffnung entspricht der Kapazität, die in Grenzen veränderlich ist. Die mittlere Durchlaufzeit für ein eintreffendes Los wird um so größer, je höher die Anzahl wartender Lose ist. Sie ist um so geringer, je größer die genutzte Kapazität, also die Leistung des Arbeitssystems ist.

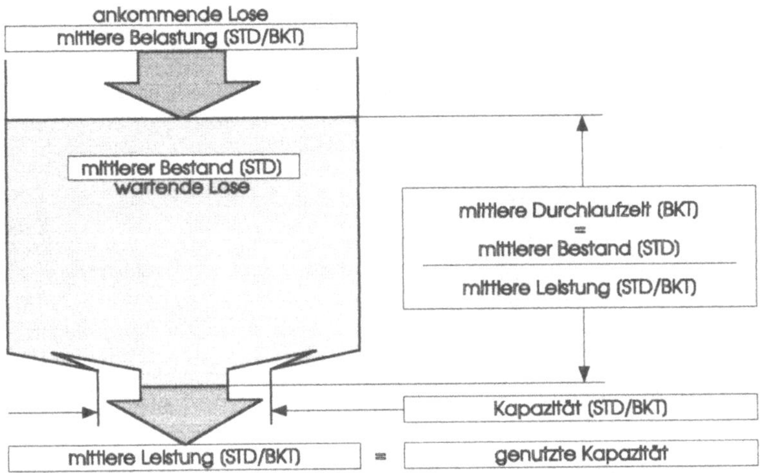

Bild 4.3: Trichtermodell eines Arbeitssystems /17/

Dieser Zusammenhang zwischen mittlerem Bestand und mittlerer Leistung in
Form der mittleren Durchlaufzeit ist das zentrale Optimierungsziel des Konzeptes,
mit dem die Auftragsdurchlaufzeiten verkürzt und die Termintreue verbessert
werden sollen.

4.2 Das Durchlaufdiagramm

Die Theorie des Trichtermodells baut auf dem Durchlaufdiagramm auf. Die
Durchlaufzeiten werden verkürzt und eine verbesserte Termintreue erreicht,
indem man die Produktion so steuert, daß an den einzelnen Arbeitsplätzen
möglichst keine Liegezeiten entstehen, der Auftragsrückstau möglichst gleich null
wird.
Bild 4.4 zeigt die grundsätzliche Herleitung des Durchlaufdiagramms anhand des
Trichtermodells.
Wie für die einzelnen Arbeitsplätze bzw. Arbeitssysteme werden die
Durchlaufzeit und ihre Bestandteile auch für die Aufträge gebildet und ergeben
dann das sogenannte erweiterte Durchlaufdiagramm.

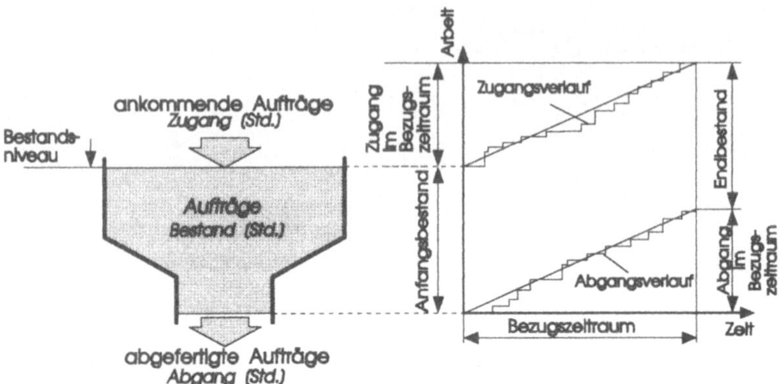

Bild 4.4: Herleitung des Durchlaufdiagramms /17/

4.3 Steuerungselemente

Dem Modell ist die Produktionsplanung vorgelagert, mit der die lang- und mittelfristige Kapazitätsplanung erfolgt. Die erste Stufe des Modells ist die Disposition. Der kritische Punkt dieses Ansatzes ist, daß bereits in der Disposition machbare Fertigungspläne erstellt werden müssen. Die Auftragsfreigabe erfolgt anhand des Durchlaufdiagramms kurzfristig in der Fertigungssteuerung. Die Fertigungssteuerung wird um so reibungsloser funktionieren, je besser in den zeitlich vorgelagerten Stufen geplant wurde.

Das Durchlaufdiagramm ist das zentrale Steuerelement für die belastungsorientierte Fertigungssteuerung. Jedem Trichter kann ein Durchlaufdiagramm zugeordnet werden. Auf der Ebene der Disposition besteht das erweiterte Durchlaufdiagramm, mit dem die Auftragsfreigabe gesteuert wird, basierend auf einer statistischen Betrachtung des Fertigungsablaufs.
Die Arbeitsplätze mit ihren Kenngrößen Auftragsbestand, Leistung und Durchlaufzeit stehen dabei im Mittelpunkt.
Die Trichteröffnungen, also die Kapazitäten der einzelnen Arbeitsplätze, sind in Grenzen veränderlich. Dies bedeutet, daß die Leistung, also das Verhältnis von genutzter zu vorhandener Kapazität direkt beeinflußt werden kann. Dies wiederum ermöglicht die Steuerung der Durchlaufzeit, die gleich dem Verhältnis von Bestand zur Leistung ist.

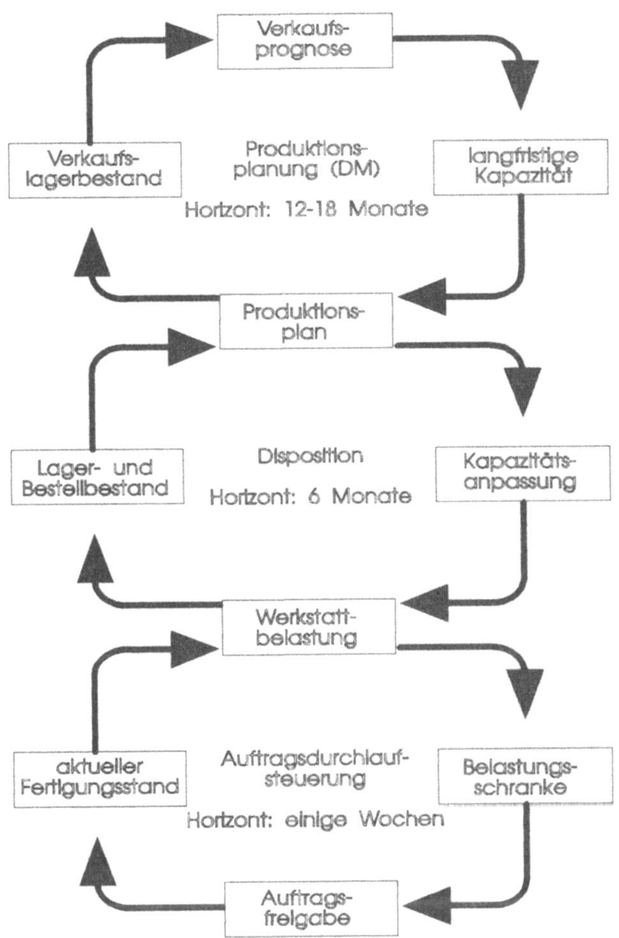

Bild 4.5: Die drei Ebenen der Fertigungssteuerung /17/

Je geringer die erforderlichen Anpassungen des Leistungsverhältnisses sind, um so stabiler und flüssiger läuft der Fertigungsprozeß ab. Als Orientierung und Soll-Werte dienen die statistischen Werte für die Kenngröße mittlere Durchlaufzeit.

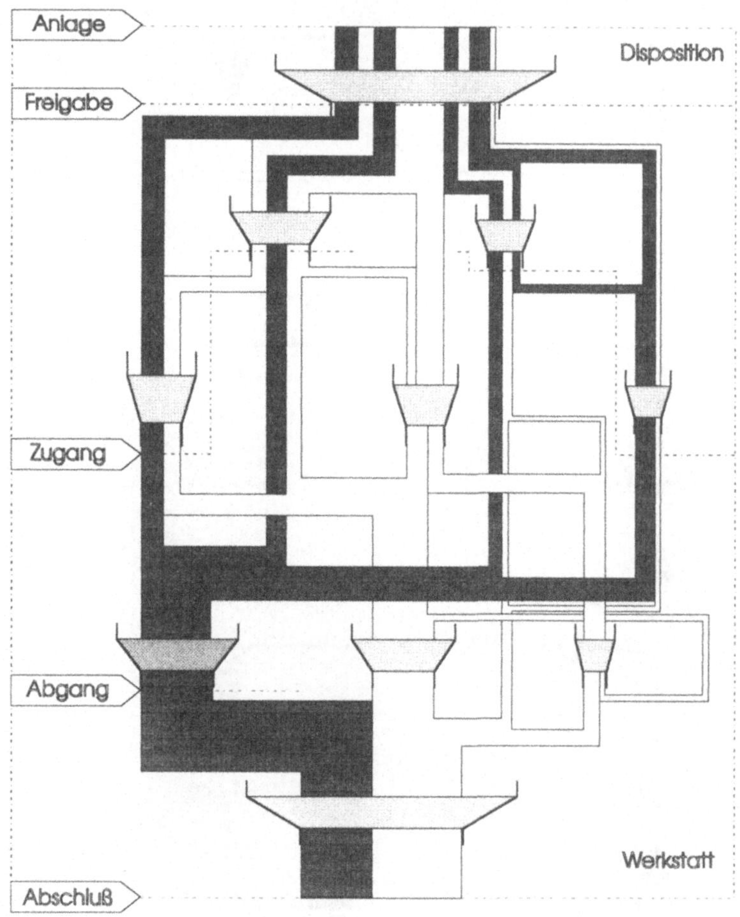

Bild 4.6: Auftragsdurchlauf im Trichtermodell /17/

Die Aufträge werden zum Anlagetermin geplant und bilden bis zur Freigabe den Dispositionsbestand. Da die freigegebenen Aufträge im allgemeinen nicht direkt an den betrachteten Arbeitsplatz fließen, bilden sie bis zum Zugang einen indirekten Bestand für diesen Arbeitsplatz verbunden mit einer indirekten Durchlaufzeit.

Über die Zugangs- und Abgangsverläufe werden Ist- und Sollzustände der einzelnen Arbeitsplätze verglichen. Mit dem Ziel der optimalen Annäherung an die Sollzustände werden die Aufträge, orientiert an der Auslastung der Arbeitssysteme, nach dem oben beschriebenen Konzept freigegeben.

Die mittlere Durchlaufzeit ist proportional dem mittleren Bestand und umgekehrt proportional der mittleren Leistung. Die Berücksichtigung dieser Beziehungen im Rahmen der Fertigungssteuerung ermöglicht es, den Zustrom an Aufträgen für die Werkstatt so dosiert freizugeben, daß einerseits ein definierter zulässiger Bestand an den einzelnen Arbeitsplätzen nicht überschritten und andererseits das Leerlaufen einzelner Trichter vermieden wird. Dieses Prinzip wird als belastungsorientierte Auftragsfreigabe bezeichnet.

Für das Funktionieren der Steuerung sind ständige Rückmeldungen an das System nötig, um Fertigungsfortschritte in Form von Abgängen im Durchlaufdiagramm zu erfassen. Die Fertigungssteuerung ist also an den Beständen am Arbeitsplatz (Ware in Arbeit, engl.: work in progress) und am Fertigungsfluß orientiert und nicht mehr an der maximalen Kapazitätsauslastung und Lagerbeständen.

Vorgesehen ist auch ein permanentes Kontrollsystem, das nach dem gleichen Prozeßmodell gestaltet ist. Mit dem Kontrollsystem wird eine laufende Optimierung der Größen mittlerer Bestand, mittlere Leistung und damit mittlere Durchlaufzeit angestrebt, um die für diesen Steuerungsansatz geltenden Hauptziele Optimierung des Fertigungsflusses und Termintreue zu erreichen.

4.4 Voraussetzungen für die Implementierung der belastungsorientierten Fertigungssteuerung

Da das Konzept nur die Fertigungssteuerung abdeckt, müssen zunächst die Voraussetzungen für die Einführung dieses Modells geschaffen werden. Das Modell ersetzt die in traditionellen Konzepten vorhandenen Verfahrensschritte

- Durchlaufterminierung
- Belastungsrechnung
- Kapazitätsabgleich
- Reihenfolgebildung .

Mit dem Modell werden die für die Fertigungssteuerung grundlegenden Größen geregelt:

- Durchlaufzeit
- Bestände
- Kapazitätsauslastung
- Terminüberwachung

4.4.1 Berücksichtigung des Einflusses der Losgröße auf Bestände und mittlere Durchlaufzeit

In der belastungsorientierten Fertigungssteuerung ist die Losgröße eine feste Vorgabe. Nur in Sonderfällen sollen die Lose noch gesplittet werden. Andere Ansätze führen zu einer gegenteiligen Vorgehensweise (vgl. OPT). Das Problem besteht in den höheren Liegezeiten für die Einzelteile des Loses während des Auftragsdurchlaufes und der Bindung an feste Losgrößen in bezug auf die Bestände. Vielfach wird deshalb die Losgröße 1 gefordert. Dabei gilt es jedoch zu bedenken, daß sich der Datenaufwand damit extrem erhöht, denn für jedes Teil entsteht die Notwendigkeit eines einzelnen Auftrages. Im Trichtermodell wird eine "Losgrößenharmonisierung" angestrebt. Damit ist die Begrenzung der Lose auf einen für die Steuerung günstigen Arbeitsinhalt in Stunden gemeint. Dieser Wert liegt für gewöhnlich im Größenbereich der mittleren vorkommenden Auftragsgröße oder etwas darüber. Dies bedeutet, das größere Auftragslose gesplittet werden. Dies muß allerdings schon auf der Ebene der Disposition bzw. in der Produktionsplanung geschehen. Ziel dieses Vorgehens ist die Verkürzung der gewichteten mittleren Durchlaufzeit und eine Erhöhung der nutzbaren Kapazität. Beide Ziele führen zu einer erhöhten Flexibilität und verbessertem Fertigungsfluß.

4.4.2 Realistische Endtermine

Zur Bestimmung der Soll-Endtermine der einzelnen Arbeitsplätze muß der Endtermin des Fertigungsauftrages bekannt sein. Schon in der Disposition müssen realistische Wiederbeschaffungszeiten zugrunde gelegt werden, um nicht später in Terminverzug zu geraten. Im Fall von Engpässen wird entweder der Liefertermin verschoben oder es müssen zusätzliche Kapazitäten geschaffen werden. Nur in Ausnahmefällen sollten andere Aufträge in den betroffenen Warteschlangen verschoben werden. Insgesamt sollte auf realistische Planvorgaben für die Durchlaufzeit und damit für den Soll-Endtermin großer Wert gelegt werden.

4.4.3 Arbeitspläne mit Vorgabezeiten sind vorhanden

Die belastungsorientierte Fertigungssteuerung kann ohne Vorgabezeiten nicht funktionieren, denn sie baut ja gerade auf dem Soll-Ist-Vergleich von Zu- und Abgängen an den einzelnen Arbeitsplätzen auf. Von besonderer Bedeutung ist dabei wiederum, daß die Vorgabezeiten realistisch sind. Bestehen für Arbeitsplätze keine realistischen Vorgabezeiten, oder ist es aus wirtschaftlichen Gründen nicht sinnvoll, Vorgabezeiten für einen Arbeitsplatz zu berechnen, werden feste Plandurchlaufzeiten vorgegeben. Die betroffenen Arbeitsplätze werden dann in die Auftragsfreigabe nicht mit einbezogen, so daß sie nicht zu einer Ablehnung führen können.

4.4.4 Verfügbare Kapazität von Maschinen und Personal muß bekannt sein

Für die belastungsorientierte Fertigungssteuerung müssen die tatsächlich verfügbaren Kapazitäten bekannt sein. In den meisten Firmen werden für die Kapazitätsbestimmung pauschal Monatswerte berechnet. Dies reicht für das Trichtermodell nicht aus. Nur wenn die verfügbaren Kapazitäten in ihrem täglichen Verlauf bekannt sind, läßt sich eine aussagefähige Belastungssteuerung verwirklichen und die vorhandene Flexibilität im Sinne der terminorientierten Kapazitätsplanung gezielt nutzen.
Mit zunehmendem Atomatisierungsgrad kommt auch dem Störverhalten des Produktionssystems höhere Bedeutung zu. Aufgrund praktischer Erfahrungen werden heute sogenannte Störabstände zwischen die einzelnen Arbeitsgänge gelegt. Dies entspricht im Prinzip den bekannten Pufferzeiten zum Auffangen von Engpässen.

4.4.5 Vollständigkeit und Genauigkeit von Arbeitsgangrückmeldungen

Für die belastungsorientierte Fertigungssteuerung ist es unerläßlich, daß die Fertigmeldungen sofort an das System geschickt werden, denn nur so können die Belastung der Arbeitsplätze realistisch überwacht und die nachfolgenden Aufträge rechtzeitig freigegeben werden. Je kürzer die Durchlaufzeiten, um so wichtiger ist die rechtzeitige und vollständige Rückmeldung über den Arbeitsfortschritt.

Zusammenfassend läßt sich sagen, daß für die belastungsorientierte Fertigungssteuerung gleiche Voraussetzungen für die Funktionsfähigkeit des Systems gelten, wie für andere Konzepte auch. Die Basisinformationen für das System müssen realistisch sein. Für das Trichtermodell gilt das insbesondere für die ermittelten Zeiten und Kapazitäten

4.5 Bausteine der belastungsorientierten Fertigungssteuerung

Bild 4.7 zeigt die Programme und den Datenfluß der belastungsorientierten Fertigungssteuerung integriert in die traditionelle Produktionsplanung und -steuerung.

Im oberen Bildteil befinden sich die bekannten Programme der Materialwirtschaft. Der belastungsorientierten Fertigungssteuerung vorgelagert sind die Funktionsbereiche Stücklistenauflösung, Bedarfsrechnung, Bestellrechnung und die Fertigungsprogrammplanung.

Die aktuellen Fertigungsaufträge stehen in der belastungsorientierten Fertigungssteuerung, dem unteren Bildteil, periodisch, z.B. wöchentlich, zunächst dem Modul Kapazitätsplanung zur Verfügung. Hier wird der terminorientierte Kapazitätsbedarf ermittelt. Im Modul Freigabeplanung werden die Aufträge aufgrund der aktuellen Kapazitätsdaten und der gültigen Steuerungsparameter, wie Einlastungsprozentsatz und anderen, eingeordnet in zurückzustellende und machbare Aufträge. Die machbaren Aufträge durchlaufen dann den Modul der Reihenfolgeplanung. Hier wird die kurzfristige Abarbeitungsfolge, z.B. täglich, bestimmt. Schließlich erfolgt die Erfassung der Rückmeldungen über den Modul Kontrolldatenberechnung. Die ausgewerteten Rückmeldungen führen dann über die Erstellung von Kontrolldiagrammen und -grafiken zur Aktualisierung der Kapazitätsdaten und Steuerungsparameter.

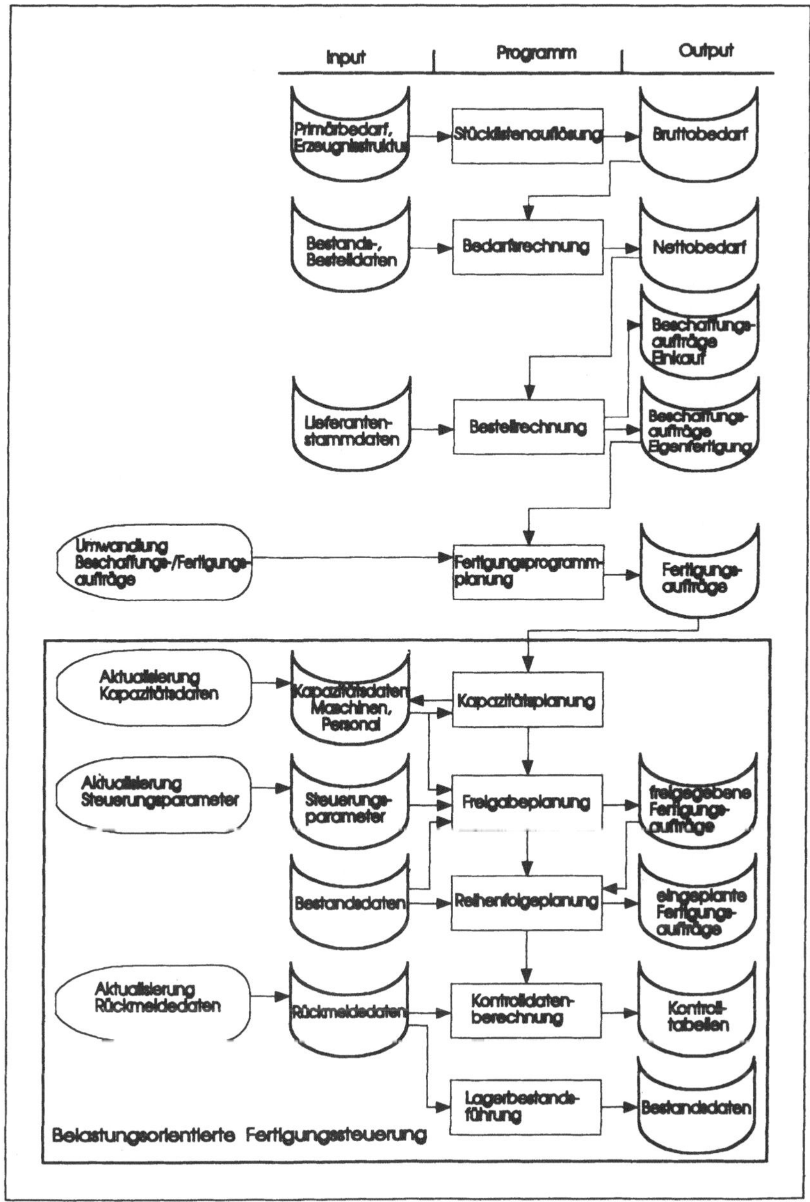

Bild 4.7: Datenflußplan der belastungsorientierten Fertigungssteuerung /17/

5 Manufacturing Resource Planning

5.1 Von MRP zu MRP II

Joseph Orlicky stellte in den siebziger Jahren ein Modell mit dem Namen Materials Requirements Planning (MRP) vor /20/. Dieses Modell stellt eine Alternative zum Bestellpunktverfahren dar. Mit dem Bestellpunktverfahren werden Bestellzeitpunkte und -mengen ermittelt, die auf dem mittleren Verbrauch für einen bestimmten Zeitraum basieren plus einem Sicherheitsbestand, mit dem Abweichungen vom Mittelwert aufgefangen werden sollen.

Mit MRP wurde nicht mehr auf solche Erfahrungswerte zurückgegriffen, sondern der Bedarf für die bereits terminierte Produktion ermittelt, um dann die richtige Menge zu bestellen. Die Funktionsweise von MRP und seiner Programmteile wird später noch erläutert. In der Praxis konnte dieses Modell jedoch erst mit Hilfe von Computern sinnvoll umgesetzt werden, da der manuelle Prozeß der Bedarfsermittlung und Beschaffung einfach zu lange dauerte, um zunächst die Produktion zu planen und dann den Bedarf für diese Produktion zu ermitteln. Der Computer ermöglichte die Bedarfsermittlung innerhalb weniger Tage im Vergleich zu mehreren Wochen, wenn manuell geplant wurde.

Mit der rasanten Entwicklung von Computern hat sich MRP nicht nur gegenüber dem Bestellpunktverfahren durchgesetzt, sondern hat sich ebenso rasant weiterentwickelt.
Zunächst wurde eine übergeordnete Produktionsplanung nötig um festzulegen, was wirklich produziert werden sollte. Die steigende Rechenkapazität von Computern und die sich damit verkürzenden Zeit für die Bedarfsermittlung machten dies erforderlich. Die Bedarfsermittlung wurde durch die zeitliche Verschiebung von der Planung der Produktion getrennt. Mit dem Master Production Schedule (MPS) wurde ein weiterer Planungshorizont erfaßt, in dem die Produktion mittel- und langfristig geplant wurde. Der Planungszeitraum des MPS wird in kleinere Planungszeiträume aufgeteilt, für die dann mit MRP der Bedarf ermittelt wird.

Mit den kürzeren Zeiten für die Bedarfsermittlung wurde die Fähigkeit des Systems, auf Planungsänderungen zu reagieren, eingeschränkt. Die Lösung des Problems lag in der Erweiterung des Systems um einen Planungsänderungsmodul. Mit diesem Modul wurden bei Änderungen der Bedarf neu ermittelt und Änderungsmeldungen erstellt. Zur Vervollständigung des Systems führte die Erkenntnis, daß es nur dann funktioniert, wenn der MPS beinhaltet, was wirklich produziert werden soll. Die Notwendigkeit, neben dem Materialbedarf auch den Kapazitätsbedarf planen zu müssen, war damit erkannt worden.

Ab diesem Zeitpunkt wird das System in der Literatur als "Closed Loop MRP" bezeichnet /21/. Closed Loop hat in diesem Zusammenhang zwei Bedeutungen: Zum einen steht es für die Zusammenführung von Materialplanung und Kapazitätsplanung, zum anderen für die Fähigkeit des Systems, auf Änderungen reagieren zu können.

Oliver Wight greift in seinem Buch "MRP II, Unlocking America's Productivity Potential" die Theorie des Closed Loop MRP auf und geht einen Schritt weiter. Aus dem operativen PPS-System "Closed Loop MRP" macht er ein System für den ganzen Betrieb, indem er Verwaltung, Vertrieb, Entwicklung und Produktion zusammenführt. Fortan steht MRP nicht mehr für Materials Requirements Planning sondern für Manufacturing Resource Planning (MRP II), das sich mit Produktionsmittelplanung recht treffend übersetzen läßt.

5.2 Die Philosophie von MRP II

Materials Resource Planning bezeichnet man auch als MRP II. Das Konzept wird in den USA professionell als Betriebsorganisationsphilosophie durch die Oliver Wight-Companies vermarktet.

Oliver Wight entwickelte das von Joseph Orlicky in den 70er Jahren vorgestellte MRP I (Material Requirements Planning) von einem - aus heutiger Sicht - Materialbedarfsplanungsmodul zu einem kompletten Produktionsplanungs- und Steuerungssystem /21/.

Die Oliver Wight-Companies sind Consulting-Firmen, die Beratung, Schulung und Systemimplementierung anbieten.

In Zusammenarbeit mit der Association for Production and Inventory Control Systems (APICS) kann man sogar einen "akademischen" Grad erreichen, der in der Industrie weitgehend als Qualifikation zum PPS-Experten anerkannt wird.

MRP II ist eine logistisch und deterministisch aufgebaute Produktionsphilosophie, die dem REFA-Modell sehr ähnelt. Diese Ähnlichkeit wird in den nachfolgenden Abschnitten immer wieder aufgezeigt.

Die Philosophie des Systems wird in den Gestaltungsgrundsätzen deutlich. Das Konzept ist aus dem Ansatz der Materialbedarfsermittlung heraus entwickelt worden.

Zu den Gestaltungsgrundsätzen gehören die nachfolgend aufgeführten Regeln /21/, die sich auch in den Systemgrundsätzen für die Gestaltung eines PPS-Systems nach REFA wiederfinden.

Simulation:

Ein MRP II-System hat nach den Grundsätzen von Oliver Wight nur einen Sinn, nämlich die Realität des Produktionsprozesses so genau wie möglich zu simulieren. Ein Softwarepaket, das nicht dieses Ziel primär verfolgt, wird am Kern des Produktionsprozesses vorbeioperieren.

Die Konsequenz daraus ist, daß das System nicht danach gestaltet werden darf, was funktionieren "könnte" oder "sollte".

Einfachheit:

Alle guten Dinge sind einfach. Dies soll auch für ein MRP-System gelten. Ein Softwarepaket muß bestimmte Funktionen erfüllen, die später noch genauer bestimmt werden. Funktionen, die darüber hinaus gehen, sind unnötig und damit auch nicht wünschenswert. Mit diesem Grundsatz soll vermieden werden, daß die Handhabung des Systems unnötig verkompliziert wird.

Verantwortung:

Systeme veranlassen nichts, Menschen tun dies. Die meisten Dinge werden durchgesetzt, weil jemand direkt verantwortlich für eine Entscheidung oder eine Aufgabe ist. Ein Softwarepaket sollte so gestaltet sein, daß es die Verantwortlichen in der Ausführung ihrer Aufgaben unterstützt. Das System sollte keine Entscheidung vorausnehmen oder suggerieren. Die Benutzer des Systems sollten direkte Kontrolle über den Bereich des Systems haben, für den sie auch operativ verantwortlich sind. Etwas zu tun, weil der Computer sagt, man soll es tun, ist unverantwortlich. Dem folgt, daß das System immer Informationen bereitstellen muß, die dem Benutzer den Sinngehalt einer Entscheidung verdeutlichen.

Standardisierung:

Standardisierung bedeutet allgemeine Anwendbarkeit. Ein System, das sich Standards und Bedingungen annähert, wird weniger Probleme bei der Implementierung und in der Benutzung haben. Außerdem legen Standards die Grundlage für eine erfolgreiche Kommunikation und die Lösung von Problemen.

Systemobjektivität:

Ein gutes System macht Probleme deutlich, ohne dabei dem Benutzer eine Lösung anzubieten. Wenn von einem System alle "was wäre wenn ..."-Möglichkeiten erfaßt würden, würde das System so komplex und unhandhabbar und somit zum Scheitern verurteilt.

Für den Produktionsprozeß setzt die MRP II-Philosophie eine Grundlogik voraus. Die Logik ergibt sich aus den folgenden Fragestellungen, die jedem Produktionsprozeß zugrunde liegen:

- Was wollen wir produzieren?
- Was ist nötig, um dies zu produzieren?
- Was haben wir?
- Was müssen wir beschaffen?

Diese Fragen müssen für jeden Produktionsprozeß beantwortet werden, unabhängig von Art, Umfang, Produkt oder Komplexität des Produktionsprozesses.

Das Planungs- und Steuerungssystem muß dann die Frage "was brauchen wir wirklich und wann?" beantworten. Dabei macht das System Aussagen über Materialbedarf, Kapazitäten, Lagerraum, Fertigungszeiten usw., basierend auf den Geschäfts- und Produktionsplänen der Firma.

Das MRP II-System läßt sich wie folgt charakterisieren /22/:

1. Das operative und das buchhalterische System sind identisch. Sie benutzen die gleichen Transaktionen, die gleichen Zahlen. Die operativen Zahlen werden um die buchhalterischen erweitert.

2. Das System hat "was wäre wenn ..."-Möglichkeiten. Da ein gutes System eine Simulation der Realität ist, kann es auch dazu benutzt werden, verschiedene Planspiele durchzuführen, Entscheidungen und ihre Folgen zu simulieren.

3. MRP II ist ein System, das den gesamten Betrieb erfaßt. Es stellt alle Informationen zur Verfügung, die die Unternehmensführung benötigt. Alle Abteilungen benutzen die gleichen Daten.

Das System ist aufgeteilt in logische Funktionsgruppen, die die folgenden Bereiche abdecken:

1. Verkaufs- und Operationsplanung (Sales and Operations Planning)
2. Nachfrage (Demand) Management
3. Master Production Scheduling
4. Materialbedarfsplanung (Materials Requirements Planning)
5. Stücklistensubsystem (Bill of Material-Subsystem)
6. Lagerrechnung (Inventory Transaction Subsystem)
7. Bestellbelegverwaltung (Scheduled Receipts Subsystem)
8. Fertigungssteuerung (Shop Floor Control)
9. Kapazitätsplanung (Capacity Planning)
10. Input/Output Control
11. Einkauf (Purchasing)
12. Verteilungsplanung (Distribution Requirements Planning)
13. Finanzplanungsschnittstellen (Financial Planning Interfaces)
14. Simulation
15. Funktionsgradmessung (Performance Measurement)

5.3 Die Struktur und Programmodule von MRP II

Die Grundstruktur von MRP II ist einfach und ergibt sich aus dem logisch, deterministischen Grundkonzept. Bild 5.1 zeigt die Grundfunktionsstruktur.

In der Geschäftsplanung (Business Planning) wird die Zielsetzung des Unternehmens definiert; die Märkte, welche ins Auge gefaßt werden sollen, sowie die Gewinnerwartungen und finanziellen Mittel, die zur Verfügung stehen. Mit Hilfe des Moduls wird bestimmt (in der Einheit Geld), welche Verkaufserwartungen das Unternehmen hat, was es zu produzieren plant, die Summe, die in die Forschung und Entwicklung investiert werden soll und ein geplanter Gewinnbetrag.

Der Verkaufs- und Operationsplan (Sales and Operations Plan) bestimmt, typischerweise in Einheiten für die Produktfamilien, wie die Ziele der Geschäftsplanung erreicht werden sollen. Der Verkaufsplan beinhaltet die geplanten Verkaufsraten, der Produktionsplan beinhaltet die geplanten Raten der Produktion, typischerweise in Bezeichnung der Mengen für große Produktfamilien. Die hier dokumentierten Raten bestimmen alle anderen Planungen und Terminierungen im System.

Master Production Scheduling ist der Modul, der die Belege für die Produktion spezifischer Endprodukte sowie deren Varianten erzeugt. Der MPS-Plan für Teile oder Baugruppen der Produktfamilien ergibt sich aus dem Produktionsplan des übergeordneten Moduls Verkaufs- und Operationsplanung, da die Mengen aus MPS und Produktionsplan übereinstimmen müssen.

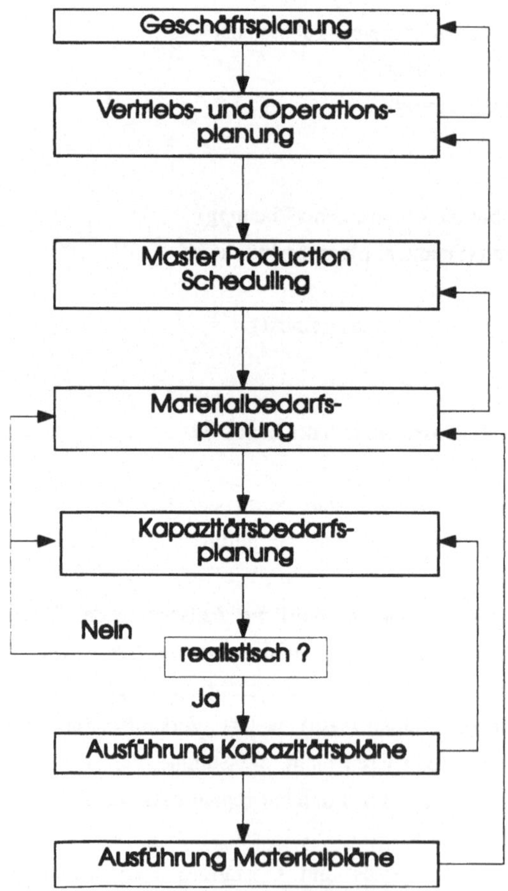

Bild 5.1: Funktionsstruktur von MRP II /21/

Materials Requirements Planning löst die Informationen des MPS auf und erstellt Einzelpläne und -terminierungen für den Einkauf, die Fertigung und Montage aller Teile. Die Einzelpläne werden auch als Prioritätspläne für die Fertigung und den Einkauf bezeichnet.

In der Kapazitätsplanung (Capacity Requirements Planning [CRP]) wird anhand der Daten des MPS-Plans der Kapazitätsbedarf für jeden Arbeitsplatz, jede Arbeitskraft, Werkzeuge usw. ermittelt.

Die Ausführungsysteme für die Material- und Kapazitätspläne beinhalten die Programmteile für die Steuerung von Kapazitäten und Material. Geplant werden die Prioritäten mit MRP; gesteuert werden sie durch die Fertigungsterminierung und den Vertrieb.
Mit CRP werden die Kapazitäten geplant, mit der Fertigungsauftragsfreigabe werden sie gesteuert.
Feedback von Verkäufern, Planern, Verantwortlichen in der Werkstatt und anderen ermöglicht die Identifizierung von Problemen bei der Ausführung des Planes und ist die Grundlage für Kommunikation, die notwendig ist, wenn der Plan nicht ausführbar ist und korrigiert werden muß. Deshalb ist im Bild der Informationsfluß nicht nur vorwärts dargestellt, sondern auch rückwärts an die übergeordneten Module.

Vollmann /5/ teilt das MRP II-System nicht nur nach Funktionsgruppen, sondern auch nach Art der Teilsysteme ein. Diese Einteilung findet sich auch im REFA-Modell wieder, nämlich in Führungs- und Entscheidungs-, Planungs- und Steuerungs- sowie Ausführungsystemen. Die vierte Stufe der Kontrollsysteme nach REFA in Form der Revision soll hier nicht betrachtet werden. Vollmann bezeichnet die Ebene der Führungs- und Entscheidungssysteme als *Frontteil* des Systems, die Planungs- und Steuerungsssysteme als *Motor* und die Ausführungssysteme als *Endteil*. Das Bild 5.2 stellt den Informationsfluß im MRP II-System und die Stufung in Systemarten nach Vollmann dar. Im Bild integriert sind außerdem die Subsysteme Arbeitspläne, Stücklisten und Lagerverwaltung.

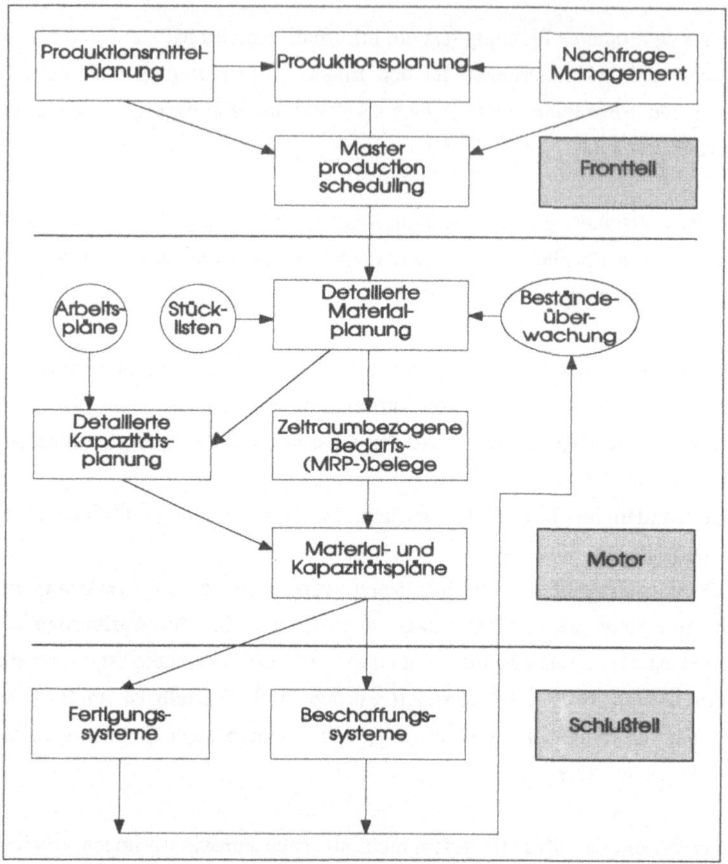

Bild 5.2: Funktionsstruktur MRP II nach Vollmann /5/

5.3.1 Geschäftsplanung, Vertriebs- und Operationsplanung

Gemäß der Definition nach REFA gehören die Entscheidungssysteme nicht zur
Produktionsplanung und Steuerung. Für die Betrachtung von MRP II muß man
diesen Modul berücksichtigen, denn bereits hier werden überschlagsmäßige
Kapazitätsberechnungen durchgeführt. In der Vertriebs- und Operationsplanung
wird auch bereits der Produktionsplan erstellt, der als Grundlage für den Master
Production Scheduling-Modul dient. Dieser Produktionsplan muß verläßliche
Daten enthalten, denn er ist die gültige mengen- und ratenmäßige Bestimmung
der zu produzierenden Produktfamilien.

Die Vertriebs- und Operationsplanung stellt die Verbindung zwischen der Geschäftsplanung, wo die strategischen Ziele festgelegt werden, und dem MPS-Modul her. Hier werden auch die Pläne des Vertriebs mit der strategischen Planung abgestimmt. Auf dieser Ebene stehen die menschliche Bewertung und Entscheidungsfindung im Vordergrund. Das System übernimmt nicht die Entscheidung über die Produktionsraten und Mengen. Die Abstimmung von Vertriebsplanung und Strategischer Planung erfolgt durch die Manager als Entscheidungsträger.

5.3.2 Der Master Production Scheduling-Modul

Der Master Production Scheduling-Modul stellt im MRP II-System die Grobplanungsstufe dar. Eine Besonderheit hierbei ist, daß auf dieser Stufe kritische Teile, Baugruppen oder Produkte komplett durchgeplant werden und im MRP-Modul nicht mehr auftauchen. Diese Funktion wird später noch beschrieben.

Der Output des MPS, als Master Production Schedule (MPS) bezeichnet, ist eine Liste der Produktion anhand von Endprodukten. Mit anderen Worten, es ist eine Liste dessen, was, wann in welcher Weise produziert werden soll. Der MPS beruht auf den Informationen des Produktions- und des Vertriebsplanes für jedes Endprodukt. Der Produktionsplan stellt das Budget für den MPS dar, festgelegt durch das Management. Der allgemein formulierte Produktionsplan wird mit dem MPS konkretisiert bezüglich der einzelnen Endprodukte, Termine und Mengen. In den Grenzen, die durch den Produktionsplan gesetzt sind, werden Produktionspläne für jedes einzelne Endprodukt erstellt. Anhand der Informationen der Vertriebsplanung werden die Losgrößen bestimmt und Termine festgelegt. Für die Endprodukte werden durch den MPS auch die Lagerbestände abgefragt und die Produktionsrate angepaßt.

Der MPS muß mit dem Produktionsplan abgeglichen werden. Er ist die Basis für alle weiteren Planungen. Der MPS wirkt sich auf allen Planungsebenen aus. Die Bedarfsermittlung für die Baugruppen, die Teile und das Rohmaterial durch den MRP-Modul richtet sich nach dem MPS. Seine Richtigkeit hat große Bedeutung. Fehler, die hier auftreten, werden im Auflösungsprozeß mitgeschleppt und potenzieren sich in den unteren Ebenen.

Kundenaufträge sind neben den Informationen aus Produktions--und Vertriebsplan der zweite Faktor für die Erstellung des Master Production Schedule. Die eigentlichen Kundenaufträge entsprechen für gewöhnlich nicht den Vertriebsplanungen. Dies bedeutet, daß der MPS den Kundenaufträgen angepaßt werden muß, um die Nachfrage zu befriedigen.

Es gibt zwei Kategorien der Abweichungen von Aufträgen von den Vorhersagen. Die eine Kategorie betrifft die vorhergesagten Absatzmengen, die andere die Verhältnisse des Absatzes verschiedener Produkte zueinander, die Änderung des sogenannten Produktmix. Für die erste Kategorie wird eine Anpassung der zu produzierenden Mengen nötig, für die zweite ist es nötig, eine Verschiebung der Kapazitäten hin zu den benötigten Teilen zu bewirken. Abweichungen von der Absatzvorhersage sind kein direktes Problem des MPS, sondern liegen im Marketingbereich. Sie müssen langfristig also genau dort gelöst werden und nicht durch ständige Anpassungen des MPS.

In den MPS fließen eine Vielzahl von Managemententscheidungen ein, die großen Einfluß auf den Erfolg des Unternehmens haben. Dies sind zum Beispiel die Erhöhung oder Senkung der Produktionsrate unter der Zielsetzung eines stabilen Produktionsprozesses, der Aufbau von Lagerbeständen zum Auffangen von Kapazitätsengpässen, Einführen einer dritten Schicht oder die Entscheidung für oder gegen einen Kunden durch das Setzen von Prioritäten, wenn nicht die ganze Nachfrage befriedigt werden kann.

Hier wird auch die Schnittstellenfunktion des MPS deutlich. Mit diesem Modul werden die Managemententscheidungen in eine tatsächliche Planungs- und Steuerungsgrundlage für die Produktion umgesetzt, denn die Daten des MPS werden für alle weiteren Planungs- und Steuerungsaktivitäten verwandt und Änderungen aufgrund von Managemententscheidungen vom MPS erfaßt sowie Änderungen aufgrund von Betriebsstörungen durch das sogenannte Bottom-up replanning bis zum MPS zurückgeführt.

Weitere Faktoren für Master Production Scheduling sind Zulieferer, Kapazitäten oder Limitierungen durch Material. Der MPS-Modul darf keinen Plan erstellen, der die maximale Kapazitätsauslastung überschreitet oder der eine höhere Zulieferungsrate erfordert, als der Zulieferer leisten kann. Wenn dies der Fall wäre, würde der Plan unausführbar sein. Damit würde er die zukünftige Produktion nicht mehr akkurat beschreiben, die Materialbedarfsplanung würde nicht mehr die Realität simulieren. Das Ergebnis wäre ein schneller Verfall der Gültigkeit von Prioritäten und das System würde keine verläßlichen Informationen mehr bereitstellen.

Probleme mit Zulieferern, Kapazitäten oder Limitierungen durch Material werden im Master Production Scheduling identifiziert und dann gelöst. Die Lösung sollte allerdings nur als letzten Ausweg eine Änderung des MPS-Plans vorsehen. Nur wenn keine andere Lösung gefunden werden kann, muß der Plan durch eine Reduzierung auf einen ausführbaren Level geändert werden.

5.3.2.1 Erfassung mit MPS- oder MRP-Modul

Die Erfassung von Teilen oder Produkten im MPS- oder MRP-Modul schließen sich einander aus. Ein Teil wird entweder mit MPS erfaßt oder mit MRP, aber keinesfalls mit beiden Modulen.
Die Umsetzung der Managemententscheidungen und deren Anpassung an die Möglichkeiten, die der Firma zur Verfügung stehen, begründet die Tatsache, daß Master Production Scheduling von Menschen durchgeführt wird und dem Computer nur in der Unterstützung dieser Tätigkeit Bedeutung zukommt. Master Production Scheduling kann nicht vollkommen automatisiert werden. Änderungen bezüglich der zu produzierenden Produkte dürfen nicht automatisch erfolgen.

Die Teile werden nach bestimmten Kriterien entweder MPS oder MRP zugeordnet. Dabei ist von sekundärer Bedeutung, ob es sich um ein Endprodukt handelt. Die Hauptkriterien sind /22/:
- großer Kapazitätsbedarf
- großer Materialbedarf
- menschliche Situationsanalyse zur Problemerkennung erforderlich
- menschliche Situationsanalyse vor Änderung erforderlich

Der dritte und vierte Punkt drücken aus, daß bei einigen Teilen ein hoher Grad an menschlicher Kontrolle erforderlich ist, die der Computer nicht übernehmen kann. Ein Teil, bei dem kleine Mengenänderungen große Material- oder Kapazitätsbedarfsänderungen zur Folge hätte, würde beispielsweise über MPS geplant und gesteuert. Dabei spielt die Ebene, auf der sich das Teil in der Struktur des Produktes befindet, keine Rolle.

5.3.2.2 Programme des MPS-Moduls

Der Master Production Scheduling Modul besteht aus Programmen zur Berechnung und Darstellung folgender Größen und zur Erreichung folgender Ziele /22/:

1. Der Modul stellt das Interface zwischen MRP und der Nachfrageplanungssoftware dar. Zugleich ist er damit auch Schnittstelle zwischen der Ebene der Führungs- und Entscheidungssysteme und der Ebene der Planungs- und Steuerungssysteme.

2. Der Modul beinhaltet ein Programm zum Vergleich der Nachfrageplanungsdaten mit denen des MPS-Plans. Zweck eines solchen Vergleichs ist die Erstellung von Ausnahmemeldungen, die die Neuberechnung der benötigten Teile ermöglichen.

3. Es ist ein Programm integriert, das die Angleichung der MPS-Mengen an die der Nachfrageplanung ermöglicht.

4. Ein Programm ermöglicht die Dokumentation und Darstellung des MPS-Plans.

5. Ein Programm ermöglicht die überschlagsmäßige Berechnung des Kapazitätsbedarfs und dessen Darstellung.

6. Die Berechnung und Darstellung der ungefähren Durchlaufzeit ist möglich.

4.3.2.3 Ansätze zur Gestaltung des MPS-Moduls

Drei unterschiedliche Grundansätze sind für die Gestaltung des Moduls bestimmend/5/: Fertigung auf Bestellung, Montage auf Bestellung und Fertigung auf Lager. Tab. 5.3 zeigt die Hauptunterschiede.

Der Ansatz *Fertigung auf Bestellung* ist typisch, wenn Produkte einzeln gemäß den Kundenwünschen gefertigt werden. In diesem Fall muß das Produktionsplanungs- und Steuerungssystem Konstruktionsaktivitäten miterfassen. Bei diesem Ansatz ist der Kundenauftrag der Hauptbeleg für das PPS-System. Der Rückstau an Kundenaufträgen bestimmt zu einem Teil die Durchlaufzeit des Auftrages. Allgemein läßt sich sagen, daß der Rückstau an Kundenaufträgen ein kritisches Maß für die Ermittlung des Material- und Kapazitätsbedarfs ist. Die Lieferzeit wird durch den Rückstau, die geschätzten Zeiten für die Konstruktion sowie die Beschaffung und Fertigung für jeden einzelnen Auftrag bestimmt. Es besteht ein hoher Grad an Unzuverlässigkeit für die geplante Durchlaufzeit, da jeder einzelne Auftrag sich vom vorherigen unterscheidet. An diesem Punkt setzt das Konzept der schlanken Produktion an, wie in Kapitel 2 schon erläutert wurde.

Tab. 5.3: Kriterien für die Gestaltung des MPS /5/

Basis für Planung und Steuerung	Ansatz zur Gestaltung des MPS		
	Fertigung auf Bestellung	Montage auf Bestellung	Fertigung auf Lager
Steuerungspunkt	Auftragsrückstau	Durchlaufzeit für Endmontage	Nachfragevorhersage
PPS-Einheit	Einzelanfertigung	Varianten	Endprodukt
Produktlevel	Endprodukt	Baugruppen und Endprodukt	Endprodukt
PPS-Systemeigenschaften Lieferzeitzusage	hohe Bedeutung	→	keine Bedeutung
Überwachung der Absatzvorhersage	geringe Bedeutung	→	hohe Bedeutung
Berücksichtigung von Konstruktions- und Fertigungsprozeß-Unsicherheiten	ja	ja	ja, aber geringer
Basis für die Belieferung von Kunden	Fertigung von Kundenaufträgen auf Liefertermin	Fertigung von Kundenaufträgen auf Liefertermin	Fertigung von Fertigungsaufträgen auf Lager oder Fertigung von besonderen Kundenaufträgen

Der Ansatz *Montage auf Bestellung* wird gewählt, wenn die Durchlaufzeit des Auftrages die Lieferzeittoleranz der Kunden überschreitet. Dieser Ansatz zur Gestaltung des MPS setzt voraus, daß die Produktpalette in Form von Varianten- oder Baukastenkonstruktionen gegliedert werden kann. In diesem Fall werden Baugruppen eingelagert, um die Auftragsdurchlaufzeit zu verkürzen. Die Lieferzeiten richten sich nach dem Zeitbedarf für die Endmontage der einzelnen Kundenaufträge. Dieser Zeitbedarf ist die kritische Steuerungsgröße dieses Gestaltungsansatzes. Hier werden die "allgemeinen" Baugruppen zu kundenspezifischen "speziellen" Endprodukten. Der Variantenstückliste kommt hier besondere Bedeutung zu. Sie stellt weniger dar, wie das Produkt gefertigt, sondern mehr wie es verkauft wird. Eine Strukturierung der Produktion nach dem Baukastenprinzip vereinfacht den Aufwand an Daten und Datenpflege.

Das Hauptproblem ist die richtige mengenmäßige Lagerhaltung der einzelnen Baugruppen, das heißt, die richtige Verteilung der Kapazitäten tritt als Ziel in den Vordergrund und die maximale Auslastung in den Hintergrund.

Ein Zielkonflikt besteht in der Zielsetzung, eine möglichst große Produktvarianz anbieten und gleichzeitig die Lieferzeit und damit die Durchlaufzeit für die Endmontage möglichst gering halten zu können. Auch dieser Denkansatz findet sich in der Philosophie der schlanken Produktion wieder, die in Kapitel 2 erläutert wurde.

Der dritte Ansatz zur Gestaltung des MPS ist die *Fertigung auf Lager*. Der MPS beinhaltet Endprodukte, die gemäß den geplanten Absatzdaten produziert werden. Kundenaufträge werden mit Lagerbeständen abgedeckt, um kurze Lieferzeiten zu garantieren. In diesem Fall entfällt die Bedeutung der Durchlaufzeit für die Lieferzeit. Stattdessen müssen die Produktionsraten in Bezug zu den geplanten Absatzraten gesetzt werden. Der Exaktheit der Nachfrageplanung kommt damit besondere Bedeutung zu. Der Grad der Richtigkeit dieser Daten bestimmt den Grad an optimaler Lagerhaltung. Außerdem müssen in der Fertigungssteuerung Fehler der Nachfrageplanung gegebenenfalls korrigiert werden. Dieses Konzept entspricht dem tayloristischen Ansatz zur Massenproduktion und steht heute in Konkurrenz zu den anderen beiden Ansätzen, die in der Philosophie der schlanken Produktion verwirklicht werden.

5.3.2.4 Der Output des MPS-Moduls

Der Output des Moduls wird als Master Production Schedule bezeichnet. Dieser Output beinhaltet die folgenden Informationen /22/:

- Produktionsmengen für die Produktfamilien
- Terminübersicht für die Produktfamilien anhand der Absatzvorhersage und der vorhandenen Kundenaufträge
- Endgültige Planung für die MPS-Teile
- Grobe Kapazitätsplanung
- Grober Überblick über die Durchlaufzeiten
- Ausnahmemeldungen

5.3.2.5 Ausnahmemeldungen im MPS-Modul

Die MPS-Software beinhaltet sogenannte Ausnahmemeldungen /22/. Sie richten die Aufmerksamkeit des Planers auf kritische Teile und erlauben den direkten Zugriff auf diese kritischen Teile. Typische Ausnahmemeldungen verweisen zum Beispiel z.B. auf folgende Punkte:

- Neuterminierung eines MPS-Auftrages auf einen früheren oder späteren Endtermin
- Produktionsrate deckt die Nachfrage nicht ab
- Freigabeaufforderung für MPS-Auftrag
- Verzug für zugesagte Liefertermine
- Überfällige MPS-Aufträge
- Streichung von MPS-Aufträgen

Noch einmal, der Master Production Schedule wird vom Computer nicht automatisch geändert. Somit sind die Informationen des MPS Grundlage für die Planung der Baugruppen, Teile und des Rohmaterials durch MRP.

5.3.3 Der MRP-Modul

Der MRP-Modul entspricht im wesentlichen der Materialwirtschaft nach REFA. Mit ihm erfolgt die Nettobedarfsermittlung für die geplanten Aufträge. Mit ihr wird wie beim REFA-Modell ermittelt, ob der Bestand den Bedarf deckt bzw. zum gegebenen Zeitpunkt decken wird. Dabei werden bereits erfolgte Bestellungen und freigegebene Fertigungsaufträge für Teile und Baugruppen mitberücksichtigt. Für die Nettobedarfsermittlung werden grundsätzlich zunächst die vorhandenen Bestände zugeteilt, bevor weitere Bestell- , oder Fertigungsaufträge erzeugt werden. Es wird nicht unterschieden zwischen normal eingelagerten Teilen und Baugruppen, Phantomen (siehe JIT), Zwischenprodukten und Baugruppen, die sofort weiter verarbeitet werden. Obwohl Phantome als Lagerbestand normalerweise nicht auftauchen, wird in der Nettobedarfsermittlung jeder Bestand zugeteilt bevor neue Aufträge erzeugt werden. Die vollständige Erfassung von Phantomen, Zwischenprodukten und Baugruppen, die sofort weiter verarbeitet werden, ist von grundlegender Bedeutung, um eine aktuelle und kontinuierliche Beständeüberwachung und -zuteilung zu garantieren.

5.3.3.1 Ausnahmemeldungen im MRP-Modul

Neuterminierung aufgrund von Ausnahmemeldungen
Die Logik für die Ausnahmemeldungen entspricht der im MPS-Modul. Wichtig
anzumerken ist, daß die Neuterminierung sich nicht nur auf einen früheren,
sondern auch auf einen späteren Zeitpunkt möglich ist. Das Ziel muß sein, die
Fertigung und Beschaffung so zu terminieren, daß der Bestand vorhanden ist,
wenn er gebraucht wird. Es gilt Verzug zu vermeiden, aber auch unnötige
Lagerbestände sind nicht wünschenswert. Dies entspricht dem Just-In-Time-
Ansatz, zur rechten Zeit die richtige Menge bereitzustellen.

Zusätzliche Ausnahmemeldungen
Die Ausnahmemeldungen beschränken sich nicht nur auf die Bedarfsermittlung.
Wie im MPS-Modul sollten zusätzliche Ausnahmemeldungen für überfällige
Auftragsfreigaben, rechtzeitige Auftragsfreigaben sowie zur Erkennung von
Widersprüchen in der Planung generiert werden.

5.3.3.2 Firm Planned Orders

Aufgrund der Beständesituation und der Absatzerwartungen werden Fertigungsaufträge geplant und dann an die Kapazitätsplanung weitergeführt. Wenn die
geplanten Fertigungsaufträge nicht durchführbar sind, werden sie von der
Kapazitätsplanung an den MRP-Modul zurückgeführt. Dem Planer steht dann ein
besonderes Werkzeug zur Verfügung, um diese Aufträge zu einem gewünschten
Endtermin dennoch durchzusetzen. Es sind die so genannten Firm Planned Orders
/22/. Diese Fertigungspläne sind Prioritätspläne, die die normale Planung nicht
weiter durchlaufen, sondern in der Kapazitätsplanung fest erfaßt werden. Für sie
werden die Arbeitspapiere gemäß der Bedarfsplanung erstellt. Dies bietet dem
Planer die Möglichkeit, die Ablehnung von Endterminen durch das System zu
umgehen. Dieses Werkzeug sollte jedoch nur in Ausnahmefällen genutzt werden,
da es bei häufigem Gebrauch seinen besonderen Charakter verliert.

5.3.3.3 Subsysteme des MRP-Moduls

Entgegen der REFA-Struktur wird die Stammdatenverwaltung gesplittet und die jeweiligen Teile der Stammdatenverwaltung in den entsprechenden Modulen integriert. Als Subsysteme des MRP-Moduls werden geführt /22/:

- Sachstamm und Stücklistensystem
- Lieferantenstamm
- Lagerverwaltung
- Beschaffung
- Firm Planned Order-System

5.3.4 Die Kapazitätsplanung, der CRP-Modul

Dieser Modul ist strukturiert wie die Kapazitätswirtschaft des REFA-Modells. Hier erfolgt die Kapazitätsabstimmung und Terminierung anhand der Pläne aus dem MRP-Modul. Auf der Abstimmung aufbauend, werden für die Fertigungspläne des MRP-Moduls die Fertigungsaufträge erstellt. Im CRP-Modul werden die Aufträge auch freigegeben und die Arbeitsfortschritte mit der Input/Output-Kontrolle überwacht. Auch hier sind die benötigten Teile der Stammdatenverwaltung in den Modul integriert. Als Subsysteme des CRP-Moduls werden geführt /22/:

- Arbeitsplätze und Arbeitspläne
- Auftragsfreigabe
- Input/Output-Kontrolle

6 Das REFA-Stufenmodell

6.1 Rechnerintegrierte Betriebsorganisation

Mit der rechnerintegrierten Betriebsorganisation (engl.: Computer Integrated Business Organization [CIBO]) steht ein Konzept zur Verfügung, das den Struktur- und Ablaufveränderungen in Unternehmen aufgrund des Einsatzes moderner Computertechnologie Rechnung trägt. Während anderen Gesamtkonzeptionen, wie dem MRP II-Konzept, der systematisch strukturierte Überbau fehlt, gelingt mit dem CIBO-Modell eine verständliche und systematische Erfassung aller im Unternehmen vorhandenen Systeme und darüber hinaus die Integration verschiedener Unternehmen im Gesamtzusammenhang der Wirtschaft.

Ausgehend vom einzelnen Unternehmen ergibt sich die in Bild 6.1 dargestellte Strukturierung.

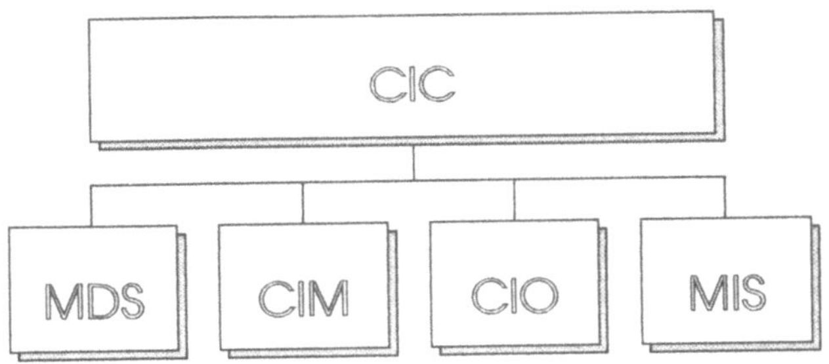

Bild 6.1: Rechnerintegriertes Unternehmen /23/

Neben den Managementfunktionsbereichen Management Decision Support (MDS) und Management Information Support (MIS) werden die Funktionsbereiche der Produktion (CIM) und der kaufmännischen Verwaltung (CIO) unterschieden. CIO steht für Computerintegrated Office und CIM für Computerintegrated Manufacturing.

6.2 Grundlagen

6.2.1 Die Systemmatrix

Im Modell werden die Aufgaben und Funktionen, die im Unternehmen vorkommen und im Rahmen des CIM angesprochen werden, in einer Matrix zusammengeführt. Diese Systemmatrix stellt die Unternehmung in ihrer Gesamtheit dar.

Dieser Ansatz dient der systematischen Ordnung der betrieblichen Funktionen und Aufgaben zur Integration in ein Gesamtsystem. Dabei geht man davon aus, daß die Aufgaben zur Durchführung der Funktionen für jede Funktion in gleicher Form erfüllt werden müssen. Diese gleichartigen Aufgaben, die gemäß dem Ablauf auf der Zeitachse abgetragen werden, setzen sich zusammen aus /23/:

- Entscheidung (E)
- Planung (P)
- Steuerung (S)
- Ausführung (CA)
- Kontrolle (C)
- Berechnung (B)
- Auskunft (A)

Zu den betrieblichen Funktionen, die zumeist den Bezeichnungen der zugehörigen Abteilungen entsprechen, gehören in der Reihenfolge des Auftragsablaufes entsprechend der Logistik/23, aktualisiert/:

- Vertrieb (V)
- Entwicklung (E)
- Fertigungsvorbereitung (A)
- Fertigung und Beschaffung (F)
- Qualitätssicherung (Q)
- Umweltschutz (U)
- Personal (W)
- Finanzen (W)

Die Funktionen Qualitätssicherung, Umweltschutz, Personal und Finanzen wirken ständig auf den Auftragsablauf ein. Sie sind in der Systemmatrix explizit dargestellt, weil sie heute häufig als eigenständige Funktionen aufgefaßt werden, also unabhängig von anderen Funktionen sind.

Die horizontale Abbildung der Funktionen in der Reihenfolge des Auftragsablaufes und die zeitbezogene vertikale Abbildung der Aufgaben führt zur Systemmatrix, dargestellt in Bild 6.2. Im Rahmen dieser Matrix wird der Inhalt jeder Aufgabe zu jeder Funktion als System aufgefaßt.

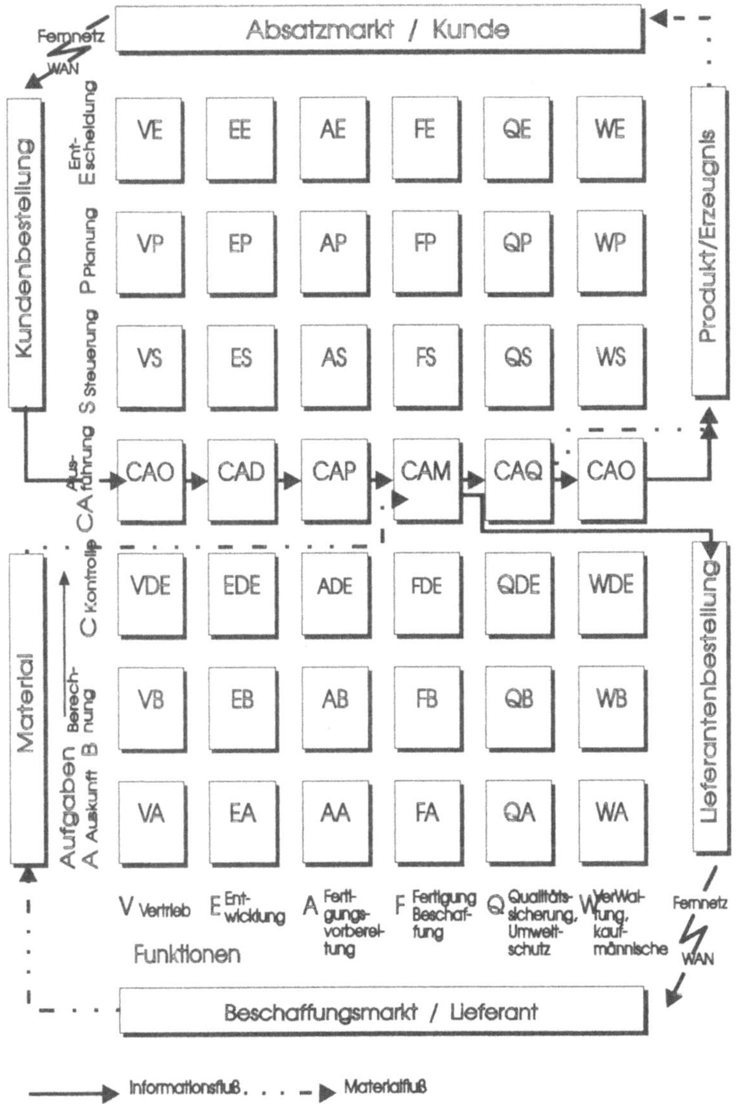

Bild 6.2: Systemmatrix /23, aktualisiert/

6.2.2 Systemarten

Die zuvor definierten Systeme werden nun nach der Aufgabengliederung und Zeitraumbezogenheit unterschieden. Nach der Aufgabengliederung ergibt sich die Unterscheidung von Führungs- und Ausführungssystemen. Die Ausführungssysteme sind, das ergibt sich schon aus der Semantik, gegenwartsbezogen. Die Führungssysteme sind zukunfts- oder vergangenheitsbezogen. Zu den zukunftsbezogenen Systemen gehören diejenigen, die die planerischen und steuernden Tätigkeiten und die Tätigkeiten, die die Entscheidungsfindung unterstützen. Die vergangenheitsbezogenen Führungssysteme decken die Kontroll- und Berechnungstätigkeiten (Kennzahlen u.a.) ab und schließen auch die Informationssysteme (im Sinne von Auskunft) mit ein. Bild 6.3 stellt die Systeme gegliedert nach Art und Zeitraumbezogenheit dar.

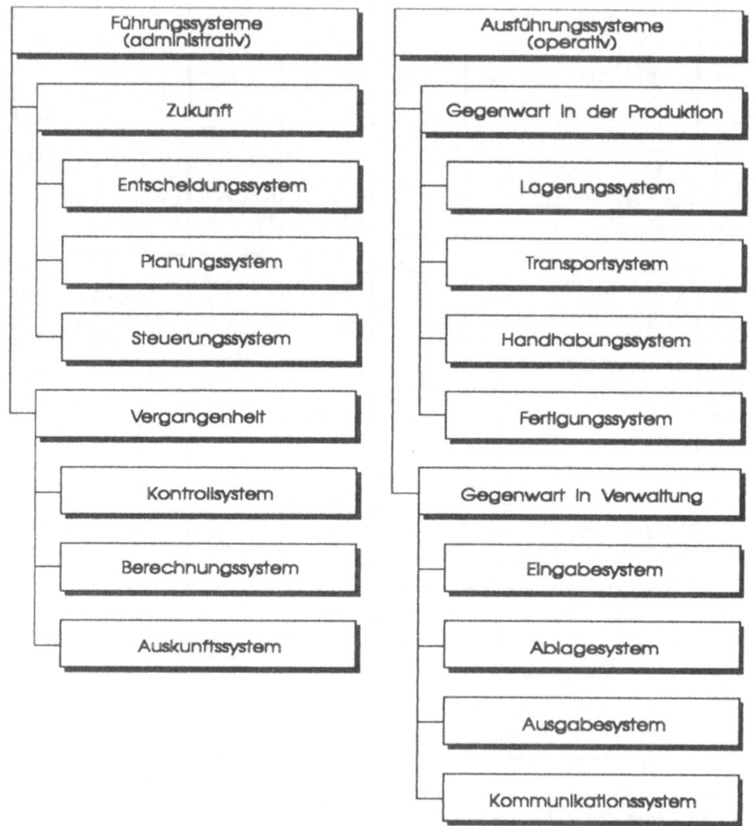

Bild 6.3: Systemarten /23/

6.2.3 Die Systempyramide

Über die Zeitraumbezogenheit kommt man zur Systempyramide. In Bild 6.4 liegt die Zeitachse vertikal und verdeutlicht noch einmal die Anordnung der Führungs- und Ausführungssysteme. Auf der horizontalen Achse wird dort ein weiterer wichtiger Punkt berücksichtigt. Die Breite der Systembalken stellt das Informationsvolumen dar, das auf den jeweiligen Systemstufen verarbeitet wird. Die zukunftsorientierten Führungssysteme führen zu einer Anreicherung des Datenvolumens, die Ausführungssysteme müssen dann das Maximum an Informationen verarbeiten, und die vergangenheitsbezogenen Führungssysteme führen wieder zu einer Verdichtung der Informationen über die bereits ausgeführten Abläufe. Die Informationen der vergangenheitsbezogenen Führungssysteme fließen in die zukunftsbezogenen Führungssysteme zurück. Die Bedeutung und Form dieser Rückkopplung wird später erläutert.

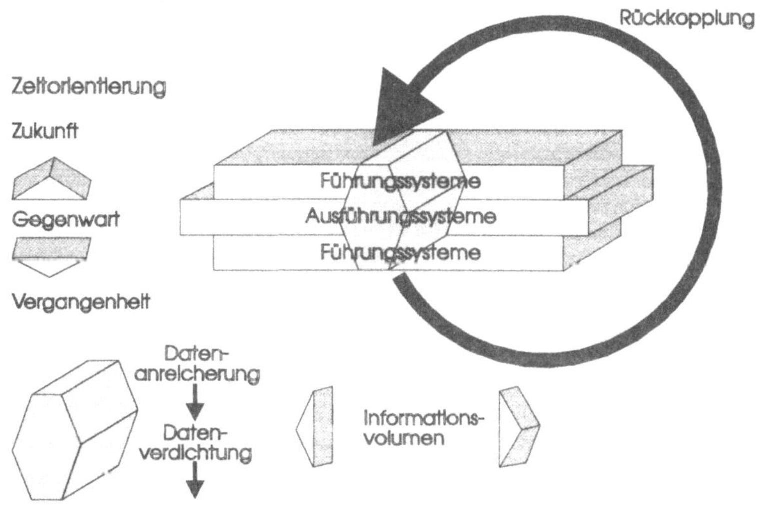

Bild 6.4: Systemstruktur /23/

Die Darstellungsform der Pyramide, wie sie in Bild 6.4 für den Gesamtbetrieb angewandt wurde, ist allgemeingültig und läßt sich auf jedes einzelne System des Betriebes übertragen. Bild 6.5 zeigt die Pyramide für ein einzelnes System.

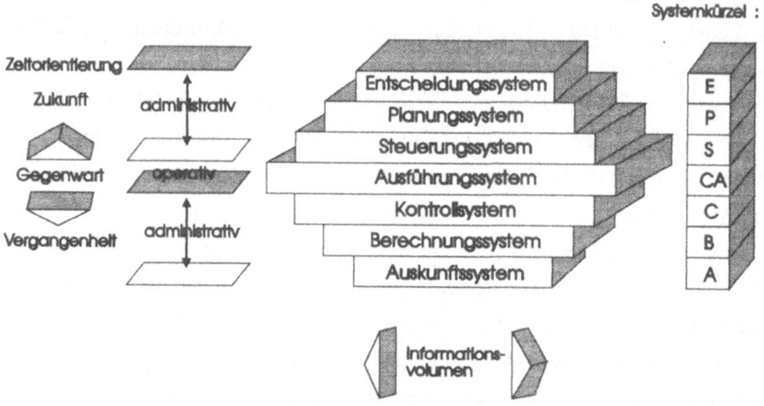

Bild 6.5: Systempyramide /23/

6.2.4 Systemauflösung

Der Mehrebenen-Charakter des Modells wird in Bild 6.6 deutlich. Für jedes
Einzelsystem aus der Systemmatrix wird auf einer neuen Systemebene eine neue
Matrix erstellt. Dieses Konzept ermöglicht nach den Prinzipien der Open System
Architecture (OSA) eine vollkommene Durchdringung der Betriebsstruktur mit
dem gleichen Prinzip, wobei auf jeder Ebene für jede Funktion die entsprechende
Systempyramide gebildet werden kann. Die Auflösung der Unternehmensstruktur
kann beliebig weit durchgeführt werden. Offen ist diese Konzeption deshalb, weil
sie die Erweiterung des Gesamtsystems wie auch aller hierarchisch
untergeordneten Systeme mit einer beliebig feinen Auflösung erlaubt, der
Integrationsgrad individuell gestaltbar ist und der Strukturrahmen, nicht aber der
spezielle Inhalt, für die Einzelsysteme vorgegeben ist.

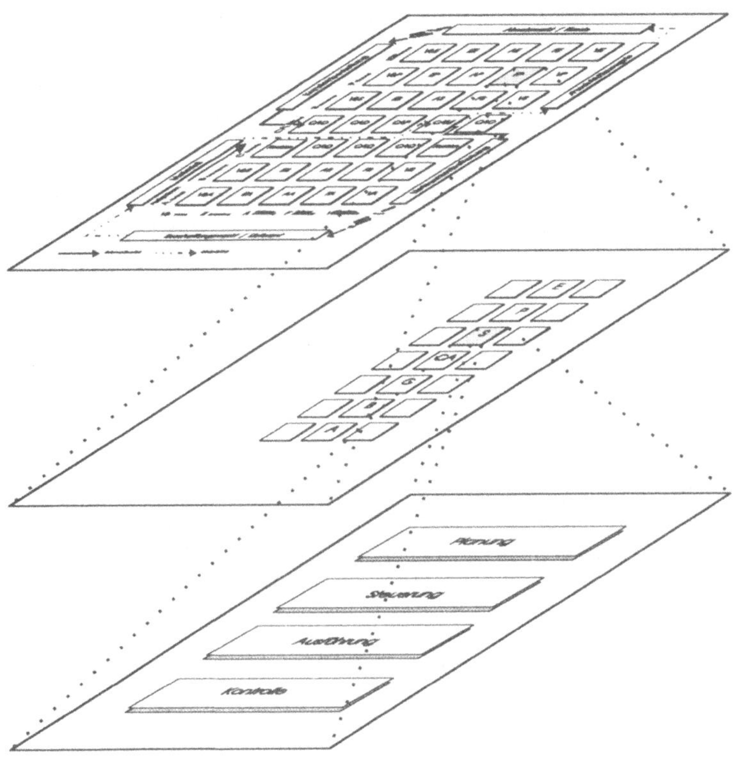

Bild 6.6: Systemauflösung /23/

6.2.5 Datenfluß

Für den Datenfluß werden Vorgangsdaten und Soll/Istdaten unterschieden. Soll/Istdaten sind die Informationen, die zeitraumbezogen die Systempyramide von oben nach unten durchlaufen. Mit den Solldaten werden den Aufgaben die Ziele vorgegeben. Die Solldaten werden im Sinne der Aufgabenerfüllung vertikal von der Ebene der Entscheidungsfindung bis zur Ebene der Ausführung angereichert und anschließend als Istdaten von der Stufe des Kontrollsystems bis zum Auskunftssystem wieder verdichtet. Dieser Verdichtungsprozeß ergibt sich aus der Notwendigkeit, die für die vergangenheitsbezogenen Systeme tatsächlich erforderlichen Daten zu extrahieren und damit den Datenaufwand zu reduzieren.

Die vergangenheitsbezogenen Daten fließen wieder in die zukunftsbezogenen Systeme ein. Diese Rückkopplung verdeutlicht die Berücksichtigung des kybernetischen Ansatzes der Selbststeuerung. Die einzelnen, als System aufgefaßten Pyramiden steuern sich selbst, indem die Informationen der einzelnen (vergangenheitsbezogenen) Ebenen ausgewertet und in die der Ausführungsebene vorgelagerten (zukunftsorientierten) Ebenen zur Verarbeitung einfließen. Solche Informationen können zum Beispiel Daten des Kontrollsystems sein, die rückgekoppelt im Steuerungssystem eine Korrektur ermöglichen oder auch die Daten des Auskunftssystems, die rückgekoppelt im Entscheidungssystem die Entscheidungsfindung unterstützen. Die Notwendigkeit solcher Rückkopplungen ist unbestritten. Auch andere Ansätze sehen die Auswertung der vergangenheitsbezogenen Daten und deren Berücksichtigung für die Zukunft vor. Der besondere Aspekt, der hier betrachtet werden muß, ist der Grad an Selbststeuerung durch das System selbst und die Rückkopplung innerhalb des Einzelsystems. Das bereits zuvor beschriebene MRP II-Konzept sieht ausdrücklich die Entscheidung durch den Menschen vor und erlaubt die Selbststeuerung durch das System nur begrenzt in Form der Problemerkennung und Bereitstellung der Information. Zudem sieht die MRP II-Konzeption die Rückführung der Daten an (im REFA-Verständnis) hierarchisch übergeordnete Systeme vor, über die dann geeignete Maßnahmen veranlaßt werden. Im REFA-Modell wird die Selbststeuerung des Einzelsystems vorgesehen. Dies bedeutet, daß das System nicht nur Störungen erkennt und die zugehörigen Informationen bereitstellt, sondern auch eine Korrektur durchführen kann. Dies bedeutet einen höheren Integrationsgrad der Computertechnologie, z.B. mit Hilfe von Expertensystemen.

Vorgangsdaten sind diejenigen Daten, die im Rahmen der Auftragsabläufe von System zu System horizontal weitergegeben werden und den Vorgang zur Auftragsabwicklung beschreiben. Bild 6.7 zeigt den Datenfluß der Soll/Istdaten in der Systempyramide und der Vorgangsdaten zwischen den Pyramiden.

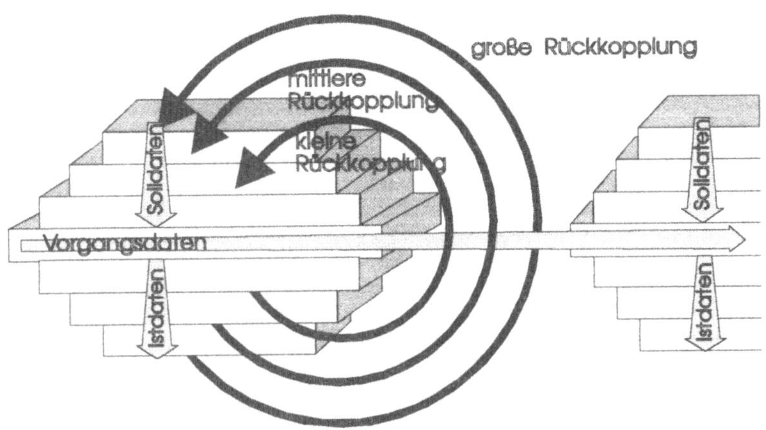

Bild 6.7: Datenfluß in der Systempyramide /23, aktualisiert/

6.3 CIM (Computer Integrated Manufacturing)

Im Rahmen des CIM werden drei Blöcke der Rechnerintegration angesprochen. Neben dem Produktionsplanungs- und Steuerungssystem (PPS) sind hier Computer Aided Engineering (CAE), das entspricht dem deutschen Begriff Rechnergestütztes Ingenieurwesen, und Computer Aided Manufacturing (CAM), im deutschen gleichzusetzen mit Rechnergestützter Fertigung, zu nennen. Bild 6.8 zeigt die entsprechende Gliederung.

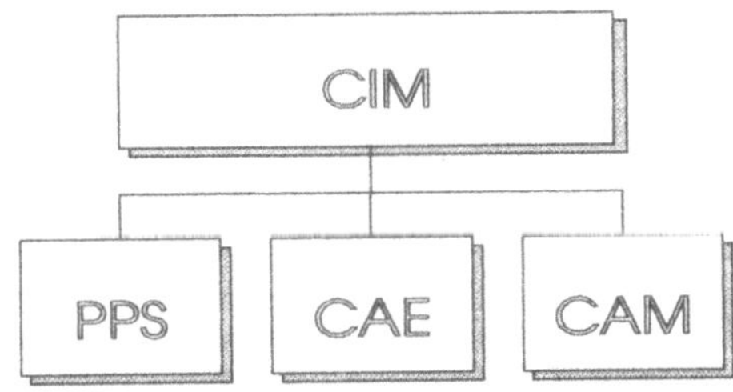

Bild 6.8: CIM-Gliederung/23/

Die Systempyramide für CIM zeigt die Einordnung der Blöcke auf den Systemstufen. Computer Aided Design (CAD) und Computer Aided Planning (CAP) auf der Planungsebene machen das CAE aus, auf der Ausführungsebene liegt CAM und das PPS ist auf der Planungs- und Steuerungsebene integriert.

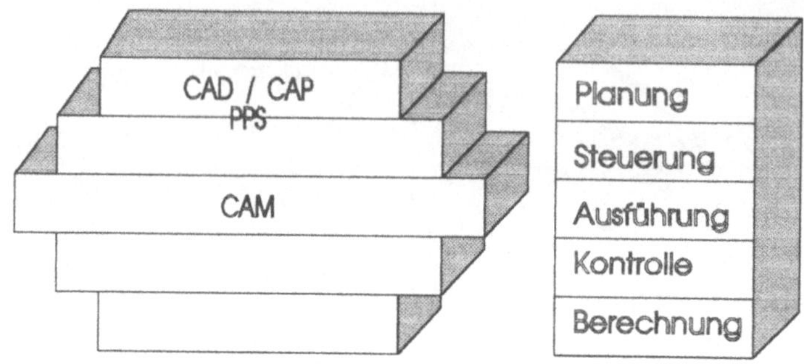

Bild 6.9: Systempyramide CIM /23, aktualisiert/

6.4 Das PPS-System im REFA-Modell

Die klare integrative Strukturierung des Unternehmens erlaubt eine klare
Darstellung des Produktionsplanungs- und Steuerungssystems als integrierter
Bestandteil des CIM-Konzeptes. Gemäß der REFA-Definition ist das PPS-System
ein rechnerunterstützter Ansatz zur umfassenden Unterstützung der
Führungsaufgaben Planung und Steuerung in der Produktion. Dieser Ansatz ist für
jede Teilfunktion der Produktion realisierbar. Zum PPS-System gehören /23,
aktualisiert/:

- EPS = Entwicklungsplanungs- und Steuerungssystem
- LPS = Lagerplanungs- und Steuerungssystem
- BPS = Beschaffungsplanungs- und Steuerungssystem
- FPS = Fertigungsplanungs- und Steuerungssystem

Weitere Funktionen wie Vertrieb und Buchhaltung werden aus
Integrationsgründen häufig mit einbezogen.

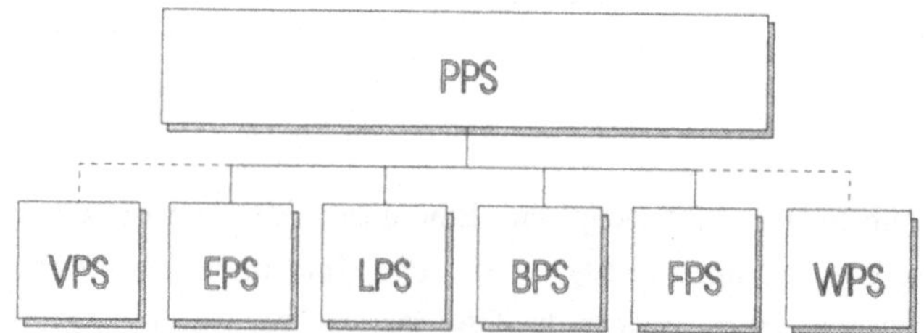

Bild 6.10: PPS-Systemstruktur /23, aktualisiert/

Zur Verdeutlichung der nachfolgend beschriebenen Systemstufen der Produktionsplanung und -steuerung zeigt Bild 6.11 noch einmal die Systempyramide des PPS und die Bezeichnung der zu erfüllenden Aufgaben bezogen auf die allgemeingültige Aufgabenbezeichnung.

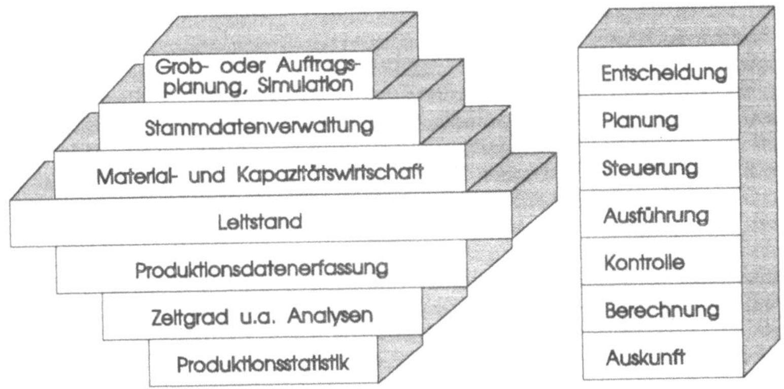

Bild 6.11: PPS-Systempyramide /23, aktualisiert/

6.4.1 Entscheidungsebene, die Grob- oder Auftragsplanung

Die Bedeutung der Grob- oder Auftragsplanung, die die Entscheidungsstufe im PPS-System darstellt, wächst mit der Komplexität des Produktionsprozesses und dem Produktionsvolumen. Die Systeme der Planungs- und Steuerungsstufe sind auf Auftragsplanungen angewiesen, die sich in bestimmten Bandbreiten bewegen, die eine feinere Planung zulassen. Das Ziel ist, die material- und kapazitätsmäßigen Auswirkungen neuer Aufträge bzw. neuer Produktionspläne zu erkennen und die entsprechenden Maßnahmen zu treffen. Im Sinne der Aufgabenbezeichnung wird hier die Entscheidung getroffen, was wann produziert werden soll. Zusammen mit den Entscheidungsstufen aller anderen Funktionen ergibt sich das Entscheidungsmodell des Gesamtunternehmens. Bei entsprechender Differenzierung ist eine separate Ebene mit den sieben Stufen sinnvoll.

6.4.2 Planungsebene, die Stammdatenverwaltung

Die Stammdatenverwaltung macht die Planung im PPS-System aus. Die Stammdaten sind die Informationsbasis für die Durchführung der Aufgaben. Zu den Stammdaten gehören:

- Sachstamm und -struktur
- Arbeitsplänestamm und -struktur
- Arbeitsplätzestamm und -struktur
- Kunden- und Lieferantenstamm und -struktur

Es ist leicht einsichtig, daß die Integrität dieser Daten von großer Bedeutung ist, da sie die Grundlage für die weitere Planung und Steuerung sind. Wenn die Stammdaten fehlerhaft sind, ziehen sich diese Fehler durch den gesamten Produktionsprozeß und können in Extremfällen zu erhöhten Kosten durch falsche Materialbedarfsdaten oder Terminverzögerungen aufgrund falscher Kapazitätsbedarfsdaten führen.

6.4.3 Steuerungsebene, die Material- und Kapazitätswirtschaft

Die Steuerung im PPS-System erfolgt über die Material- und Kapazitätswirtschaft. Die Materialwirtschaft, insbesondere die Materialbedarfsplanung, ist derjenige Baustein der Produktionsplanung und Steuerung, der historisch zuerst rechnerunterstützt wurde. Lange stand die Materialwirtschaft bei der Entwicklung von PPS-Systemen im Vordergrund, die in ihrer Bedeutung gleichwertige Kapazitätswirtschaft wurde zunächst vernachlässigt. Der Grund liegt wohl in der tayloristischen Tradition der Produktion, die sich an der maximalen Auslastung der Kapazitäten orientiert. Daß der Fertigungsfluß und damit eine Optimierung der Kapazitätsauslastung - was nicht unbedingt gleich der Maximierung der Auslastung ist - von großer Wichtigkeit für die Effektivität des Produktionsprozesses ist, wurde erst durch die moderne Computertechnologie deutlich. Beide Bausteine, Material- und Kapazitätswirtschaft, bilden den Kern des PPS-Systems.

6.4.3.1 Materialwirtschaft

Die Aufgabe der Materialwirtschaft besteht darin, das erforderliche Material zur Herstellung der im Produktionsplan bzw. den Kundenaufträgen vorgesehenen Erzeugnisse mengen- und termingerecht bereitzustellen. Zur Erfüllung dieser Aufgabe lassen sich drei Komponenten unterscheiden:

- Lagerrechnung
- Bedarfsermittlung
- Beschaffung

Dazu kommen ergänzende Funktionen des Vertriebes, die aus logistischen Gründen mit einbezogen werden.

6.4.3.2 Kapazitätswirtschaft

Die Bedeutung der Kapazitätswirtschaft läßt sich an einem einfachen Beispiel verdeutlichen. Besteht ein Kundenauftrag in einem Unternehmen aus 1.000 Teilen, und rechnet man mit jeweils 5 Arbeitsgängen für insgesamt 3.000 Einzelteile, die selbst gefertigt werden, so ergeben sich daraus schon 15.000 Einzeltermine, die kapazitätsmäßig geplant werden müssen. Die Fertigung dieser Teile muß dann auch gesteuert und überwacht werden. Das große Mengengerüst macht die Rechnerunterstützung unerläßlich. Nachdem in den letzten Jahren Flexibilität, kurze Lieferzeiten und Termintreue die maximale Kapazitätsauslastung als primäres Ziel abgelöst haben, ist die Kapazitätswirtschaft zu einer Schlüsselfunktion für die Leistungsfähigkeit und Wirtschaftlichkeit geworden.

Zu den wichtigsten Aufgaben der Kapazitätswirtschaft werden gezählt:

- Durchlaufterminierung
- Kapazitätsabstimmung
- Arbeitspapiere

Der Übergang von der Steuerung zur Ausführung erfolgt mit der Einsteuerung der vorgegebenen Steuerungsdaten in das System des Leitstandes in Form von Fertigungsaufträgen, die die vorgesehenen Mengen, Kapazitäten und Termine enthalten.

6.4.4 Ausführungsebene, der Leitstand

Der Leitstand, als Ausführungsebene im PPS-System integriert, hat die Aufgabe, die Plangrößen der Material- und Kapazitätswirtschaft im Fertigungsprozeß umzusetzen. Dieser Umsetzungsprozeß beginnt mit der Festlegung der Arbeitsreihenfolge, der Erstellung und Freigabe der Fertigungsaufträge und endet mit der Erfassung und Weitermeldung von Arbeitsfortschritten.

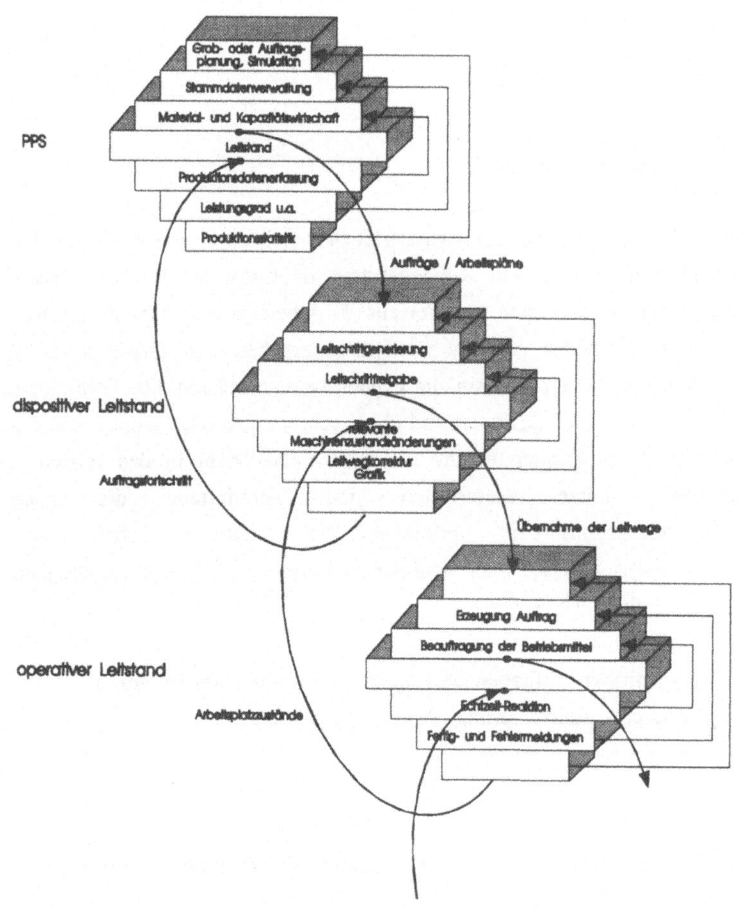

Bild 6.12: Integrationsmodell des Leitstandes /24/

Geitner/25/ sieht eine Zweiteilung des Leitstandes in einen operativen und einen dispositiven Leitstand vor. Schwinn/24/ hat das Integrationsmodell auf diese Zweiteilung angewandt und die zugehörigen Systempyramiden aufgestellt. In Bild 6.12 stellt jede Systempyramide die Ausführungsebene der übergeordneten Pyramide dar, welche über die verbindenden Pfeile miteinander kommunizieren.

6.4.5 Kontrolle, die Produktionsdatenerfassung

Auf der Kontrollebene des PPS-System ist die Produktionsdatenerfassung angesiedelt. Bei der Betriebsdaten- oder allgemeiner formuliert Produktionsdatenerfassung werden Informationen gesammelt, die in verschiedener Form ausgewertet werden. Die ausgewerteten Daten fließen dann in die zukunftsorientierten Systeme zur Berücksichtigung wieder ein. Zu den zu erfassenden Daten gehören/26/:

- Daten für die Fertigungssteuerung über Termine, Kapazitäten, Auftragsfortschritt usw.
- Daten bezüglich der Zuordnung von Personal an die Maschinen sowie lohnrelevante Daten
- leistungsbezogene Daten je Maschine, Werkzeug, Betriebsbereich hinsichtlich Nutzungsgraden, Störungsarten und -zeiten usw.
- Daten über die Qualitätssituation der Produktion bezüglich der Prozeßparameter, der Dokumentation von Qualitätsmerkmalen usw.

6.4.6 Berechnung, Kenngrößen

Die Produktionsdaten dienen als Informationsbasis zur Berechnung von Kenngrößen für Aufträge, Maschinen und Personal wie Durchlaufzeit, Belegungszeit, Störzeit, Zeitgrad u.a. Die Berechnung dieser Daten ist unerläßlich für eine Überprüfung von Effektivität und Wirtschaftlichkeit des gesamten Produktionsprozesses. Da die Planung und Steuerung wie auch die Ausführungssysteme zeitkritische Systeme sind, ist es sinnvoll, die Berechnung von Kontrolldaten und Kenngrößen von diesen Systemen zu trennen.

6.4.7 Auskunft, Produktionsstatistik

Das Auskunftssystem bezieht sich auf geschehene Ereignisse, also im PPS-System auf die ausgeführten Produktionspläne und Auftragsabläufe. Es ermöglicht die Darstellung des zuvor berechneten Soll/Istwert-Vergleichs und unterstützt rückgekoppelt die zukünftige Entscheidungsfindung. Die statistische Erfassung und Darstellung der durchgeführten Pläne ermöglicht die Verbesserung zukünftiger Auftragsabläufe und ist damit wichtiger Bestandteil der Integration.

Das Bild 6.13 zeigt zusammengefaßt die Komponenten des PPS-Systems.

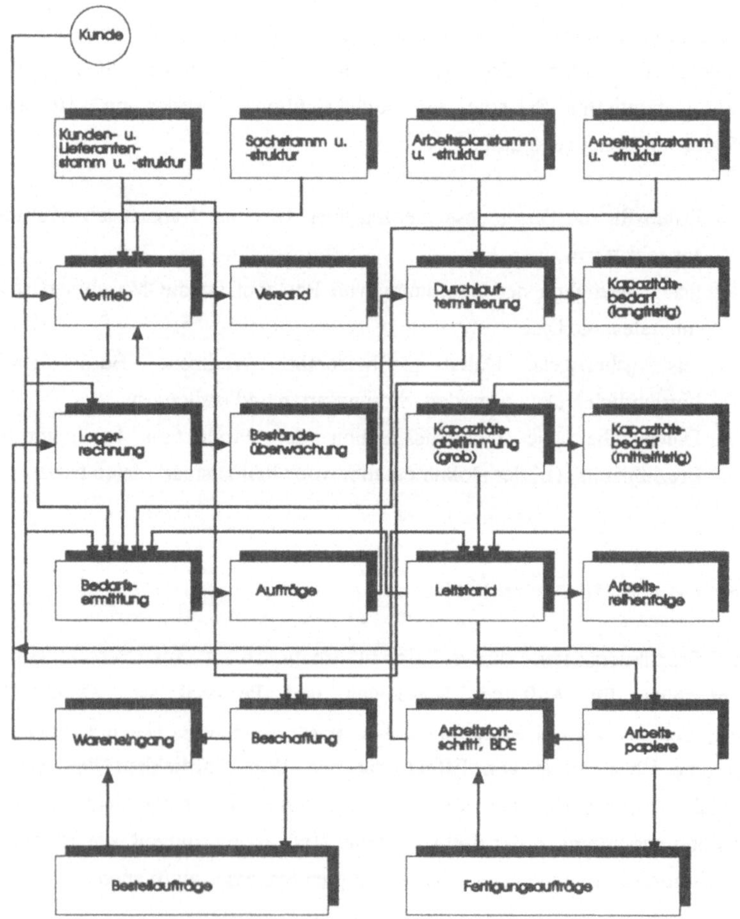

Bild 6.13: Systemaufbau des PPS /27, aktualisiert/

7 Begriffe

Ein Großteil der Literatur zu den in dieser Arbeit behandelten Themen ist in englischer Sprache geschrieben. Es ist oft schwierig, für die englischen Begriffe deutsche Synonyme zu finden. Teilweise fehlen klare Definitionen für die englischen Begriffe, und verchiedene Autoren verwenden den gleichen Ausdruck mit unterschiedlicher Semantik. Aus diesem Grund werden in diesem Kapitel englische und die entsprechenden deutschen Begriffe gegenübergestellt. Die Begriffe sind alphabetisch und nicht nach Kapitelzugehörigkeit geordnet. Zunächst wird der englische Begriff und dann der entsprechende deutsche Begriff darunter genannt. Danach folgt eine kurze Definition. Diese Sammlung von Begriffen ist keineswegs vollständig, sondern soll nur eine Hilfe beim Lesen der englischsprachigen Literatur sein.

APICS (Association for Production and Inventory Control Systems)
Gesellschaft für Produktionsplanungs- und Steuerungssysteme
500 West Annandale Road
Falls Church, Virginia 22046-4274
USA

Assemble-to-order (ATO)
Montieren auf Bestellung
Der Begriff bezeichnet das Produktionskonzept, nach dem in der Endmontage Baugruppen und Teile gemäß den Kundenaufträgen zu speziellen Endprodukten montiert werden.

Assembly-line
Fertigungsstraße, Fließband
Dieser Begriff wurde für das klassische Fließband der Fordschen Massenproduktion geprägt. Er wird heute sehr allgemein verwandt und schließt unter anderem auch die vernetzten Fertigungszellen in der modernen Endmontage in der Autoindustrie mit ein.

Back end
Endteil
Mit Endteil werden die Ausführungssysteme des PPS-Systemmodells nach Vollmann/Berry/Whybark (APICS) bezeichnet. Dazu gehören die Fertigungs- und Beschaffungssysteme.

Back scheduling
Rückwärts-Terminierung

Der Begriff bezeichnet die Terminierung vom Endtermin ausgehend. Dabei wird der späteste Anfangstermin bestimmt.

Backflushing
"Im nachhinein" auflösen

Dieses Konzept beschreibt die in der JIT-Produktion vorkommende Verbrauchsermittlung nach Einlagerung der Endprodukte anhand der Menge der produzierten Endprodukte. Mit diesem Konzept wird der Aufwand für die Bedarfsermittlung erheblich reduziert.

Batch production process
Serienfertigung

Fertigungsauftrag über mehrere Stücke eines bestimmten Erzeugnisses. Für den Begriff Serienfertigung ist es belanglos, ob dieses Teil nach einer gewissen Zeit wieder gefertigt wird und ob die Serie in Lose unterteilt wird.

Merkmal: kleine bis große Fertigungsmengen

Begleitumstände: a, kurze Laufzeit der Erzeugnisse

                        b, meist vielstufige Erzeugnisse

                        c, viele Lagerpositionenen und Standardteile   /28/

BOM (bill of materials)
Stückliste

Ein von der Darstellung eines oder mehrerer Erzeugnisse oder Gruppen abgeleitetes formalisiertes Verzeichnis, das die Art und die Menge der eindeutig bezeichneten Bestandteile (Positionen) ausweist /28/.

Bottleneck
Flaschenhals

Mit diesem Begriff werden die Engpaßstellen im Produktionsprozeß bezeichnet. Engpaßstellen sind Kapazitätsgruppen, die bis zur Kapazitätsgrenze belastet sind und damit für die Kapazitätsbelegung terminbestimmend sind.

Bottom-up replanning
"Vom Boden nach oben"-Neuplanung

Bottom-up replanning beschreibt den Vorgang der Korrektur von Fertigungsplänen und Neuerstellung bzw. Neuterminierung von Fertigungsaufträgen aufgrund von Änderungen oder Störungen mit MRP oder MPS. Dabei wird der Endtermin entweder nach hinten verschoben oder die Durchlaufzeit für den oder die betroffenen Aufträge durch Prioritätensetzung reduziert und das verfügbare Material neu zugeteilt. Dabei wird die Auflösung der Bedarfsermittlung rückwärts verfolgt und für die Endprodukte neue Prioritäten gesetzt.

Buffering
Puffern

Der Begriff umschreibt das Anlegen von Lagerbeständen, um Engpässe auffangen zu können.

BUILTNET
Aufbaunetz

Programmroutine der OPT-Software

Calendar file
Betriebskalender

Kalender, in dem die Arbeitstage eines oder mehrerer Geschäftsjahre eines Betriebes fortlaufend numeriert sind. Nach DIN 69 900 ist der Betriebskalender "das Ergebnis der Zuordnung der Arbeitstage bzw. Schichten eines Betriebes, Unternehmens, einer Arbeitsgemeinschaft usw. zu einem Intervall des Normalkalenders". Der Betriebskalender ist die Grundlage für die Berechnung der verfügbaren Kapazitäten /28/.

Capacity
Kapazität

Leistungsangebot von Menschen und/oder Leistungsvermögen von Betriebsmitteln für einen definierten Bereich innerhalb einer bestimmten Zeitspanne /28/.

Capacity requirements Planning (CRP)
Kapazitätsbedarfsplanung

Ermittlung des Kapazitätsbedarfs aufgrund der durchzuführenden Aufgaben. Der Kapazitätsbedarf führt zur Kapazitätsbelegung und zum Kapazitätseinsatz oder im Rahmen der Kapazitätsabstimmung zur Fertigung bei Fremdfirmen /28/.
Programmmodul der MRP II-Software

Cellular manufacturing
Zellen-Fertigung

Beschreibt die Fertigung in Teams, die mehrere Tätigkeiten am gleichen Ort simultan durchführen. Die Abeitsplätze der Zelle sind meistens in U-Form angeordnet und stellen eine aufgabenspezifische Anordnung von Werkzeugmaschinen, Vorrichtungen, Handhabungsgeräten und Einrichtungen zum Her- und Abtransport von Energie, Material und Bauteilen, welche in der Zelle gefertigt werden, dar. Das Ziel hierbei ist, Transport-, Rüst- und Lagerzeiten zu minimieren und so den Anteil der wertschöpfenden Tätigkeiten an der Durchlaufzeit zu steigern /28/.

Closed loop MRP

Entwicklungsstufe der MRP II-Philosophie, die die Zusammenführung von Material- und Kapazitätsplanung einschließt sowie die Möglichkeit zur Änderung von eingegebenen Plänen vorsieht.

Component
Baugruppe, Einzelteil

Im Englischen wird der Begriff sowohl für Einzelteile für die Montage als auch für Baugruppen verwandt.

Eine Baugruppe ist ein in sich geschlossener aus zwei oder mehr Teilen und/oder Baugruppen niederer Ordnung bestehender Gegenstand. Ein Einzelteil ist ein technisch beschriebener, nach einem bestimmten Arbeitsablauf zu fertigender bzw. gefertigter, nicht zerlegbarer Gegenstand. Nach DIN 6789 werden auch im deutschen Fremdteile als Teile bezeichnet, selbst wenn es sich dabei um Gruppen handelt /28/.

Demand
Nachfrage

Der Teil des Bedarfs, der am Markt wirksam wird, im Gegensatz zum Angebot /28/.

Demand management
Nachfrage-Management

Analyse- und Organisationstätigkeiten zur Erstellung einer Arbeitsunterlage, mit der der Produktionsplan an die Marktsituation angepaßt werden kann.

Disturbances
Störungen

Eine Betriebsstörung ist die nicht geplante Unterbrechung eines Arbeitsablaufes. Eine solche Störung kann auftreten durch den Ausfall von Personal, Energie oder Arbeitsmitteln, durch fehlerhaftes oder fehlendes Material, durch fehlerhafte oder fehlende Arbeitsbelege oder auch eine fehlerhafte Fertigungssteuerung /28/.

Due date
Endtermin

Termin für das Ende eines Vorgangs (in Anlehnung an DIN 69 900). Der Endtermin ist der Zeitpunkt, zu dem ein Auftrag oder ein Vorgang abgeschlossen sein soll (Soll-Endtermin bzw. Ist-Endtermin) /28/.

Exception Message
Ausnahmemeldung

Meldungen, die durch die Programmodule MPS und MRP im MRP II-System erzeugt werden, um die Aufmerksamkeit des Benutzers/Planers auf Engpässe, Störungen oder ähnliche Probleme, die die Ausführung des Planes gefährden, zu lenken.

Explosion
Auflösung

Vorgang der Bedarfsermittlung für Fertigungsaufträge vom Endprodukt bis zum Rohmaterial und über alle Strukturebenen des Produktes in Form der Auflösung der Stücklisten.

Final assembly schedule (FAS)
Terminierung der Endmontage

In der schlanken Produktion mit Kanban-Signalen ist dies der Fertigungsauftrag und gleichzeitig der die Produktion bestimmende Beleg.

Finite loading
Begrenzte Auslastung

Konzept der Begrenzung der Kapazitätsauslastung (d.h. Kapazitätsauslastung < 100%), um den Fertigungsfluß zu garantieren.

Firm planned orders
"Fest geplante Aufträge"

Möglichkeit im MRP-System aufgrund der Terminsituation nicht durchführbare Fertigungspläne am System vorbei durchzusetzen.

Flexible Manufacturing System
Flexibles Fertigungssystem (FFS)

Mehrstufiges komplexes Produktionssystem, in dem die drei Teilsysteme (Bearbeitungssystem, Materialflußsystem, Informationssystem) wie folgt gestaltet sind: Ein FFS enthält mehrere Bearbeitungsstationen, die durch ein Materialflußsystem so verknüpft sind, daß ein möglichst vollständiges Bearbeiten unterschiedlicher Werkstücke im System möglich ist. Die unterschiedlichen Werkstücke könne das System auf verschiedenen Pfaden durchlaufen. Damit ist die automatisierte mehrstufige Mehrproduktfertigung in einem FFS möglich /30/.

Flow
Fluß

Technologisch-organisatorischer Ablauf bei der Fertigung von Teilen oder Erzeugnissen /28/.

Front end
Anfangsteil

Bezeichnung der Entscheidungssysteme im PPS-Systemmodell nach Vollmann/Berry/Whybark.

Group technology
Gruppenfertigung

Organisationstyp der Fertigung bzw. des Fertigungsverfahrens. Vereinigung der fertigungstechnischen Sachmittel, die für bestimmte Arbeitsvorgänge erforderlich sind.

Infinite loading
Unbegrenzte Auslastung

Der tayloristischen Philosophie entstammendes Konzept zur maximalen Ausnutzung der vorhandenen Kapazitäten zum Aufbau von Lagerbeständen, mit denen die Nachfrage am Markt befriedigt wird.

Inventory
Lagerbestand

Menge an Material, Erzeugnissen, Handelswaren und Betriebsmitteln, die sich zu einem bestimmten Zeitpunkt im Lager befindet /28/.

Item master file
Sachstammdatei

Sammlung von Sachstammdaten über Material, Erzeugnisse, Handelswaren und dergleichen /28/.

Job
Fertigungsschritt, Fertigungsvorgang

Arbeitsfortschritt bei der Fertigung

Just in time (JIT)
"zur rechten Zeit"

Konzept der Fertigungsorganisation in der japanischen Produktionsphilosophie. Mit dem Konzept werden minimierte Lagerbestände, hohe Qualität und eine fließende Fertigung angestrebt.

Kanban
Karte, Signal

Steuersignal, mit dem in der Fertigungssteuerung nach dem Hol-Prinzip die Fertigung der untergeordneten Fertigungsstufe freigegeben wird.

Lead time
Durchlaufzeit

Die Durchlaufzeit nach REFA ist die Soll-Zeit für die Erfüllung einer Aufgabe in einem oder mehreren bestimmten Arbeitssystemen, in produzierenden Betrieben die Zeit vom Auftragseingang bis zur Verrechnung eines Produktes. Sie umfaßt alle für die Herstellung, Lieferung und Verrechnung von Erzeugnissen benötigten Zeiten einschließlich der Materialbeschaffung und der jeweils vorgelagerten Zeiten für die Auftragsbearbeitung. Bestandteil der Durchlaufzeit sind daher auch die durchschnittlichen Liegezeiten der Bestände in Lagern /29/.

Lean Production
Schlanke Produktion

Durch das Toyota-Produktionssystem bekannt gewordene Philosophie, die die Orientierung zum Montagebetrieb, die JIT-Fertigung und Kanban-Steuerung vorsieht. Die Philosophie steht in Konkurrenz zum tayloristischen Produktionskonzept.

Lot-size
Losgröße, Fabrikhallengröße

Nach kapazitiven und/oder wirtschaftlichen Gesichtspunkten ermittelte Menge an Material oder Erzeugnissen, die zu beschaffen ist /28/.

Make-to-order (MTO)
Fertigung auf Bestellung

Der Ansatz sieht die Fertigung nur aufgrund von Bestellaufträgen vor, im Gegensatz zum Ansatz Montage auf Bestellung werden hier auch keine Baugruppen auf Lager gefertigt.

Make-to-stock (MTS)
Fertigung auf Lager

Traditioneller Ansatz zur Fertigungsorganisation, mit den Lagerbeständen wird die Nachfrage am Markt befriedigt.

Manufacturing planning and control (MPC)
Produktionsplanung und Steuerung

Systematisches Suchen und Festlegen von Zielen für die Produktion, Vorbereiten von Produktionsaufgaben und Festlegung des Ablaufs zum Erreichen dieser Ziele.
Veranlassen, Überwachen und Sichern der Durchführung von Produktionsaufgaben hinsichtlich Bedarf (Menge und Termin), Qualität, Kosten und Arbeitsbedingungen /28/.

Master production scheduling (MPS)

Grobplanungsstufe im MRP II-System, Schnittstelle zwischen den Entscheidungs- und Planungs- und Steuerungssystemen.

Material requirements planning (MRP)
Materialbedarfsplanung

In den 70er Jahren vorgestelltes Modell für die Materialbedarfsplanung, Grundlage für die Entwicklung des MRP II-Modells. Im MRP II-Modell Bezeichnung des Programmoduls für die Materialbedarfsplanung.

Material resource planning (MRP II)
Produktionsmittelplanung

Philosophie und Konzept für die Betriebsorganisation einschließlich der Produktionsplanung und -steuerung, vertrieben durch die Oliver Wight Companies in den USA.

Optimized production technology

Konzept und Softwarepaket für die Produktionsplanung und -steuerung, vertieben durch die Firma Creative Output.

Order
Auftrag

Schriftliche oder mündliche Aufforderung einer befugten Stelle eines Unternehmens an eine andere Stelle desselben Unternehmens zur Ausführung einer Arbeit /28/.

Order dispatching
Order launching
Auftragsfreigabe, einsteuern

Production
Produktion, Fertigung

Das Wort wird im Amerikanischen sowohl für den Bereich der Fertigung als auch für die gesamte Produktion verwandt.

Production cell
Fertigungszelle

Die Fertigungszelle hat die Aufgabe, aus gegebenem Ausgangsmaterial Produktteile oder Endprodukte möglichst vollständig zu fertigen. Eine Fertigungszelle entsteht durch die aufgabenspezifische Anordnung von Werkzeugmaschinen, Vorrichtungen, Handhabungsgeräten und Einrichtungen zum Her- und Abtransport von Energie, Material und Bauteilen, welche in der Zelle gefertigt werden. Diese Betriebsmittel sind räumlich und organisatorisch zu einer Einheit zusammengefaßt. Das Ziel hierbei ist, Transport-, Lager- und Rüstzeiten zu minimieren und so den Anteil der wertschöpfenden Tätigkeiten an der Durchlaufzeit des Auftrages zu steigern /29/.

Production floor
Fertigungsebene

Verantwortlicher Bereich für die Fertigung im Betrieb

Production planning and control
Fertigungsplanung und -steuerung

In diesem Ausdruck ist der Begriff "Production" nicht zu verwechseln mit dem Begriff der Produktionsplanung und -steuerung, der umfassender ist

(→ Manufacturing planning and control)

Purchasing
Beschaffung, Einkauf

Bedarfsdeckung durch Einkauf nicht selbst gefertigter Teile.

Record
Beleg

Träger sichtbarer Informationen, der neben evtl. vorhandenen Soll-Daten auch Ist-Daten enthält, und der zur Verrechnung oder zur Dokumentation abgelaufener Vorgänge im Unternehmen und zwischen Unternehmen dient /28/.

Rescheduling
Neuterminierung

Korrektur der ermittelten Anfangs- und Endtermine für die einzelnen Arbeitsvorgänge eines Fertigungsauftrages.

Resource
Produktionsmittel

Alle für die Produktion erforderlichen Mittel, einschließlich des Materials und der Kapazitäten.

Resource Planning
Produktionsmittelplanung

Systematisches Vorgehen zur Festlegung des Einsatzes der vorhandenen Produktionsmittel

Rough-cut capacity planning
Grobplanung der Kapazitäten

Abschätzen bzw. überschlagsmäßige Berechnung der Kapazitätspläne

Routing file
Arbeitsplan-Datei

Sammlung aller Daten über Arbeitspläne, enthält alle Beschreibungen der Ablaufabschnittsfolge und der Arbeitssysteme, die für eine schrittweise Aufgabendurchführung erforderlich sind /28/.

Safety stock
Sicherheitsbestand

Lagerbestand zur vorsorglichen Abdeckung von unerwartet mengenmäßigen und terminlichen Schwankungen der Zugänge und Abgänge im Lager zur Gewährleistung einer gewünschten Lieferbereitschaft /28/.

Scheduling
Terminieren, planen

Der Begriff wird im Amerikanischen sowohl für den Vorgang der Terminierung als auch allgemein für einen Planungsvorgang verwendet

SERVE-network
"Bedien"-Netzplan

Netzplan der OPT-Software, der alle nicht-kritischen Produktionsmittel enthält.

Setup time
Rüstzeit

Vorgabezeit für den Menschen für die Vorbereitung des Arbeitssystems zur Erfüllung der Arbeitsaufgabe und Rückversetzung in den Normalzustand innerhalb eines Auftrages /28/.

Shop floor
Werkstatt, Fertigung

Bezeichnung für die räumliche Umgebung, in der gefertigt wird.

Shop floor control (SFC)
Fertigungssteuerung

Veranlassen, Überwachen und Sichern der Durchführung von Fertigungsaufgaben hinsichtlich Bedarf (Menge und Termin), Qualität, Kosten und Arbeitsbedingungen /28/.

SPLIT
"Spalten"

Programmroutine der OPT-Software. In dieser Routine werden die Engpaßstellen von den übrigen getrennt.

Stock area
Lager

Raum bzw. Fläche zum Aufbewahren von Material, Erzeugnissen, Handelswaren und Betriebsmitteln /28/.

Tracking
Überwachen

Feststellen der Erfüllung einer Aufgabe oder des Zustandes eines Arbeitssystems im Hinblick auf die Einhaltung von Sollwerten /28/.

Warehouse
Lagerhalle

→ Stock area

Waste
Ausschuß, unnötiger Balast

Menge von Material oder Erzeugnissen, die nicht den vorgeschriebenen Forderungen entspricht und die auch durch Nacharbeit diese nicht erfüllen kann /28/. Im Sinne der JIT-Produktion alle Tätigkeiten, die nicht zur Wertschöpfung des Produktes beitragen.

Work center
Arbeitsplatz, Arbeitsgruppe (ortsbezogen)

Derjenige räumliche Bereich innerhalb eines Arbeitssystems, in dem der Mensch eingesetzt ist (DIN 33 400) /28/, oder das ganze Arbeitssystem.

Quellenverzeichnis

/1/ Taiichi Ohno:
Toyota Production System: Beyond Large Scale Production
Productivity Press, Cambridge, Massachusetts 1988

/2/ James P. Womack, Daniel T. Jones, Daniel Roos:
Die zweite Revolution in der Autoindustrie
Campus Verlag, New York, 7. Auflage 1992

/3/ Dr. Robert Fieten:
Von Lean Production zum Europäischen Lean Management, Kopieren
wäre zu einfach
Beschaffung aktuell, 3 (1992), S. 58-63

/4/ Edward J. Hay:
The Just in Time Breakthrough, Implementing the New Manufacturing
Basics
John Wiley & Sons, New York, 1989

/5/ Thomas E. Vollmann, William L. Berry, D. Clay Whybark:
Manufacturing Planning and Control Systems
Business One Irwin, Homewood, Illinois, 3rd Edition 1992

/6/ Robert W. Hall:
Kawasaki U S A , Transferring Japanese Productivity Methods to the U S
APICS Case Study 08002, Falls Church, VA, 1982

/7/ S.A. Melnick, P.L. Carter:
Moog Inc., Space Products Division
APICS Case Study in "Floor Control Principles, Practices, and Case
Studies"
APICS, Falls Church, VA 1987

/8/ U.S. Karmarkar:
Alternatives for Batch Manufacturing Control
Working Paper no. QM 8615, Graduate School of Management,
University of Rochester, Rochester, NY 1989

/9/ L.J. Krajewski, B.E. King, D.S. Wong:
Kanban, MRP and Shaping the Manufacturing Environment
Management Science 33, 1 (1987)

/10/ Autorenkollektiv:
OPT... eine Antwort Amerikas auf Kanban ?

Symposium der Gesellschaft für Fertigungssteuerung und
Materialwirtschaft e.V. am 19.9.1984, München

/11/   E.M. Goldratt:
         The Goal - Excellence in Manufacturing
         North River Press Inc., Norwich, Conn. 1984

/12/   A. Meshar:
         OPT - Auf dem Weg zu neuen Lösungen
         Produktionsmanagement - heute realisiert, Jahrestagung der Gesellschaft
         für Fertigungssteuerung und Materialwirtschaft am 25.1.85, Heidelberg

/13/   Thomas E. Vollmann:
         OPT as an Enhancement to MRP II
         Production and Inventory Management, 2nd quarter 1986, S. 38-47

/14/   F. Robert Jakobs:
         The OPT Scheduling System: A Review of a New Production Scheduling
         System
         Production and Invenetory Management, 3rd quarter 1983

/15/   Horst Wildemann (Herausgeber)
         Planen und Steuern der Produktion im Wandel
         gfmt Gesellschaft für Management und Technologie mbH Verlags KG,
         München, 1985

/16/   F. Robert Jakobs:
         OPT Uncovered: Many Production Planning and Scheduling Concepts Can
         Be Applied with or without the Software
         Industrial Engineering, 10 (1984), S. 89-95

/17/   H.-P. Wiendahl:
         Belastungsorientierte Fertigungssteuerung
         Carl Hanser Verlag, München, 1987

/18/   Bruno Grupp:
         Marktspiegel über PPS-Softwarepakete zur Produktionsplanung und
         -steuerung
         Verlag Wissen und Praxis GmbH, 1987

/19/   W. Bechte:
         Arbeitsinhalt-Zeit-Funktionen - ein Kontrollinstrument für die
         Fertigungssteuerung
         FB/IE 32 (1983) 2, S.7-14

/20/   Joseph Orlicky:
         Material Requirements Planning
         McGraw-Hill, New York 1975

/21/   Oliver W. Wight:
        Manufacturing Resource Planning: MRP II, Unlocking America's
        Productivity Potential
        Oliver Wight Limited Publications, Essex Junction, Vermont,
        revised Edition 1984

/22/   Darryl V. Landvater, Christopher D. Gray:
        MRP II Standard System
        Oliver Wight Limited Publications, Essex Junction, Vermont, 1989

/23/   U.W. Geitner:
        Computerintegrierte Betriebsorganisation
        REFA Fachbuchreihe Betriebsorganisation
        Carl Hanser Verlag, München 1991

/24/   U.W. Geitner (Hrsg.), J. Schwinn:
        Wissensbasierter CIM-Leitstand
        Vieweg Verlag, Braunschweig/Wiesbaden 1992

/25/   U.W. Geitner:
        Der technische Leitstand in einer CIM-Umgebung
        CIM-Management 2/88
        München, Oldenburg 1988

/26/   U.W. Geitner (Hrsg.):
        CIM-Handbuch, 2. vollständig überarbeitete und erweitere Auflage
        Vieweg Verlag, Braunschweig/Wiesbaden 1991

/27/   U. W. Geitner:
        Betriebsinformatik für Produktionsbetriebe, Band 1-6
        REFA Fachbuchreihe Betriebsorganisation
        Carl Hanser Verlag, München 1987

/28/   Lexikon der Produktionsplanung und -steuerung
        3. Auflage des VDI Taschenbuches T77
        VDI-Verlag GmbH, Düsseldorf 1983

/29/   J. Schlingensiepen, S. Vajna:
        CIM Lexikon
        Vieweg Verlag, Braunschweig/Wiesbaden 1990

/30/   REFA Methodenlehre
        Planung und Gestaltung komplexer Produktionssysteme
        Carl Hanser Verlag, München 1990

Lean Production

von Olaf Jeziorek

1993. VIII, 103 Seiten. (Fortschritte der CIM-Technik, Band 9; herausgegeben von Uwe W. Geitner) Gebunden. ca. DM 78,–/ca. öS 609,–/ca. SFr 79,90 ISBN 3-528-06533-8

Inhalt: Lean Production – Die Philosophie und ihre Entwicklung – Just in Time für die Logistik – Kanban für die Steuerung – Optimized Production Technology – Das Trichtermodell – Manufacturing Resource Planning – Das REFA-Stufenmodell – Begriffe – Quellenverzeichnis.

Dieses Buch beschreibt die Schwierigkeiten, Vor- und Nachteile bei der Einführung der Schlanken Produktion (Lean Production) für die mittelständigen Betriebe. Besonders im Vergleich mit anderen Organisationsformen und Konzepten zur Produktionsplanung und -steuerung zeigt sich der Vorteil dieses aktuellen Organisationsansatzes.

Verlag Vieweg · Postfach 58 29 · 65048 Wiesbaden